新世紀科技叢書

工程與設計圖學 上

王聰榮　劉瑞興　編著

三民書局

國家圖書館出版品預行編目資料

工程與設計圖學 / 王聰榮,劉瑞興編著.－－初版
一刷.－－臺北市: 三民,2009
　　面;　　公分.－－(新世紀科技叢書)

ISBN 978-957-14-5219-7　(平裝)
1. 工程圖學

440.8　　　　　　　　　　　　　　98013070

© 工程與設計圖學(上)

編 著 者	王聰榮　劉瑞興
責任編輯	吳育燐
美術設計	謝岱均
發 行 人	劉振強
著作財產權人	三民書局股份有限公司
發 行 所	三民書局股份有限公司
	地址　臺北市復興北路386號
	電話　(02)25006600
	郵撥帳號　0009998-5
門 市 部	(復北店)臺北市復興北路386號
	(重南店)臺北市重慶南路一段61號
出版日期	初版一刷　2009年10月
編　　號	S 444870

行政院新聞局登記證局版臺業字第○二○○號

有著作權‧不准侵害

ISBN　978-957-14-5219-7　　（平裝）

http://www.sanmin.com.tw　三民網路書店

序　言

　　圖學為職業學校及大專院校工程、設計相關科系必須修習的課程,學習圖學之目的在於製圖與識圖,且能充分了解產品之形狀、尺寸、規格與特徵,並能加以應用與設計產品。

　　筆者從事建築設計、機械製造、產品設計及繪圖工作多年,並任教於科技大學與高職相關科系講授圖學相關課程。有感於目前職業學校及大專院校工程、設計相關科系學生缺乏一本合適的基礎圖學教材作為學習之入門,筆者乃將個人之教學與工作經驗重新整理,並針對學習設計、土木、建築、機械、美術、工藝等相關科系者常應用到之圖學常識,編成此書,作為教學、自學及在職進修之教材。

　　本書分為上、下冊。上冊主要說明廣泛之基礎圖學知識與技能,如工程圖學之內容、製圖設備與用具、線條與字法、應用幾何、基本投影學、剖視圖、輔助視圖、習用畫法、立體圖及尺度標註等。下冊主要針對較進階的圖學知識與技能,如透視圖、表面粗糙度、公差與配合、徒手畫與實物測繪、工作圖及建築製圖概論等加以解說。

　　本書依據經濟部中央標準局最新修訂之「工程製圖」標準,教育部國立編譯館出版與主編之「工程圖學名詞」與「工程圖學辭典」、公制單位 SI 等詳細引用及編寫。

　　本書之完成要特別感謝三民書局之鼎力協助,此外亦要感謝國立台灣科技大學林信甫同學在繪圖上之大力協助。

　　本書雖經嚴謹校正,然疏漏及錯誤之處難免產生,尚祈教師先進、業界前輩及同學不吝賜教,謝謝您的支持與鼓勵。

王聰榮、劉瑞興　謹識

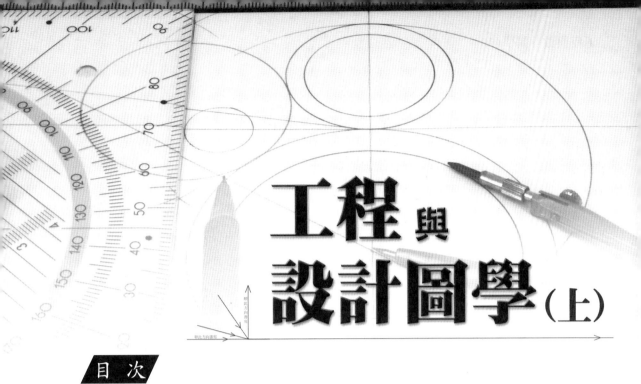

工程 與 設計圖學（上）

目 次

工程圖學概說

1-1 工程圖學之意涵

1.圖

(1)圖為工業界之工程語言,為工程界溝通傳遞的媒介與橋梁。

(2)圖為生產之依據、製造之藍本、檢驗之標準。

(3)圖在工業上乃為工程師、產品設計師、繪圖員或生產製造者所共同使用之溝通工具及語言。

2.工程圖學

(1)工程圖學主要是針對「圖」加以闡述及規範之學科,屬應用科學之重要部分,主要研究繪製工程圖時所必須遵循之理論、規則與方法之學科。

(2)工程圖學為工程之基礎,在於傳授工程界通用之語言,是設計與施工間溝通的媒介。

(3)工程圖學應用了各種圖像的傳達方式,運用於產品設計中,因為產品從計劃到生產之間,必須經過許多過程,其中最重要者即為利用圖學之傳達。

1-2 圖學之內容

1.工程圖學範圍

(1)投影幾何學:了解投影幾何之方法,進而繪製圖形。

(2)工程製圖:了解工程上所需具備之製圖之知識與技能。

(3)圖解學:了解製圖內容,並且加以解說。

(4)電腦繪圖:了解利用電腦繪圖,所需具備之製圖之知識與技能。

2.學習工程圖學之目的

(1)識圖(看圖):能夠了解圖形所表達之內容。

(2)製圖(畫圖):能夠繪製圖形。

3.工程圖之基本要素

(1)線條:表示物體之形狀。

(2)字法:加註數字、符號、註解說明,以組成完整的圖面。

4.製圖之基本方法

⑴徒手畫：不用儀器，僅用鉛筆、橡皮擦繪圖。

⑵儀器畫：使用繪圖儀器，按一定比例繪製。

⑶電腦畫：近年來電腦發展迅速，使得傳統之手工製圖已被電腦輔助設計 （Computer Aided Design；簡稱 CAD）系統所取代，而為製圖之新趨勢。

5.製圖之基本要求

⑴正確（求真）：製圖之第一要求。

⑵迅速（求善）：製圖之必備條件。

⑶清晰與整潔（求美）：良好的圖面須有適當的佈局，結實的線條與工整的字法。

6.製圖之趨勢

⑴電腦製圖。

⑵結合電腦輔助設計 (CAD)、電腦輔助製造 (CAM) 等。

⑶結合快速成形（Rapid Prototyping；簡稱 RP）與逆向工程（Reverse Engineering；簡稱 RE）。

1-3 製圖之種類

1.按製圖過程分類

⑴草圖：又稱構想圖，能迅速表達心目中之設計物件，常以徒手繪製。

⑵原圖：又稱設計圖，將草圖用儀器或電腦繪製在圖紙上。

⑶描圖：又稱第二原圖，將原圖描繪在描圖紙上，可曬製藍圖。

⑷藍圖：將描圖放在特製的感光紙上，曬成藍底的工作圖，為現場操作者所使用。

2.按製圖方法分類

⑴徒手繪圖：即草圖，不需使用製圖儀器，以徒手繪製。

⑵儀器繪圖：使用製圖儀器，按照一定比例及尺寸所繪製之精確圖面。

⑶電腦繪圖：將機件圖形以程式指令及數據輸入電腦，而由繪圖機繪出之圖，為電腦輔助設計重要之一部分。

3.按製圖圖面用途分類

⑴設計圖：為機械創意初步設計之草圖，為繪製工作圖之基礎。

⑵工作圖：為提供現場施工所用之圖。主要由組合圖與零件圖所組成。

⑶零件圖：為單一零件的完整工作圖，需有詳細尺寸、精度、材料種類、加工方法等事項，又稱分圖或分解圖。

⑷組合圖：又稱裝配圖、組立圖或總圖，表示各機件裝配時相關位置之圖。各機件以不同數字分別註明，以便與零件圖對照。

⑸詳圖：將機件或某部分機件，用倍尺或足尺畫出之詳細結構圖。

⑹流程圖：表示製造加工進行過程或步驟順序之工作圖。

⑺管路圖：表示液體或氣體輸送管線之工作圖。

註：工作圖＝組合圖＋零件圖＋標題欄＋零件表。

1-4 工程圖的標準

1. 中國國家標準

⑴我國於 1932 年設立「經濟部中央標準局」推動公制度量衡標準與產品標準化業務，所制訂之標準稱為「中國國家標準」(Chinese National Standard)，簡稱 CNS。

⑵工程製圖之標準為 CNS3–B1001 工業製圖，內容共分十二部分。

2. 常見各國工業標準

如表 1–4–1 所示。

表 1-4-1　常見各國工業標準

各國之工業標準	英文代號	英文字全銜及代號字母
⑴中國國家標準	CNS	Chinese National Standard
⑵日本工業標準	JIS	Japanese Industrial Standard
⑶美國工業規格	ANSI	The American Nation Standards Institute
⑷美國汽車工程學會	SAE	The Society of Automotive Engineers
⑸美國材料試驗協會	ASTM	American Society for Testing and Material
⑹美國鋼鐵協會	AISI	The American Iron and Steel Institute
⑺英國工業標準	BS	British Standards Institute
⑻德國國家標準	DIN	Deutsch Industri Normen
⑼瑞士工業規格	VSM	Normen des Vereins Schweizerisher
⑽義大利工業規格	UNI	Unificazione Italianal
⑾丹麥規格	DS	Dansk Standard
⑿國際標準化機構	ISO	International Organization for Standardization
⒀法國規格	NF	Norme Francaise
⒁挪威規格	NS	Norsk Standard
⒂國際標準制（公制）	SI	Systeme International

1-5 圖紙之規格

1. 製圖紙種類分類

⑴描圖紙：用於曬製藍圖或複印。

⑵普通製圖紙：用於一般製圖。

2. 描圖紙

⑴描圖紙是一種半透明的薄紙。

⑵描圖紙可以曬製藍圖或複印。

⑶描圖紙紙厚以每平方公尺 (m^2) 之重量 (g) 稱之，簡稱 GSM 或 gsm，常用者為 $40\sim95$ g/m^2。

3. 普通圖紙規格

⑴普通圖紙區分為 A 系列及 B 系列兩者，CNS 製圖採 A 系列為主。

⑵ A0（全開）的面積為 1 m^2，B0（全開）的面積 1.5 m^2，A1 的面積為 A0 面積的一半，依此類推，如圖 1–5–1 所示。

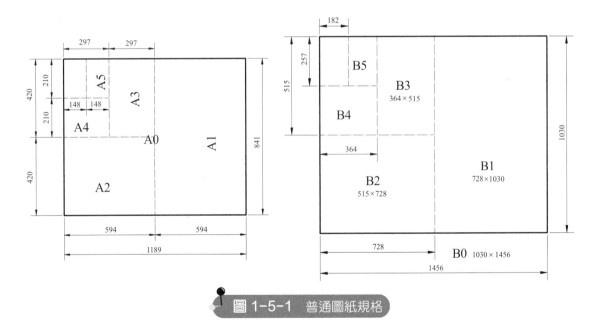

圖 1-5-1　普通圖紙規格

(3)普通圖紙長度與寬度之比均為 $\sqrt{2}:1$（即長：寬 $= \sqrt{2}:1$），如圖 1–5–2 所示。

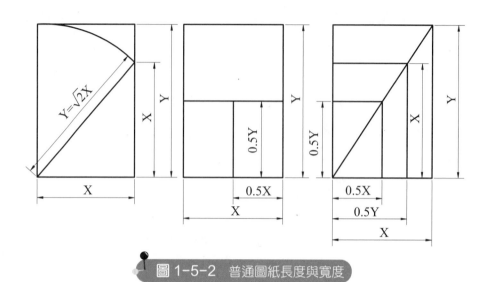

圖 1-5-2　普通圖紙長度與寬度

(4) A0 紙大小為 841 mm × 1189 mm。若將其截為一半，稱為 A1，再截一半，稱為 A2，依此類推。如表 1–5–1 所示。

表 1-5-1　圖紙尺寸（單位：mm）

	0	1	2	3	4
A 系列尺度	841 × 1189	594 × 841	420 × 594	297 × 420	210 × 297
B 系列尺度	1030 × 1456	728 × 1030	515 × 728	364 × 515	257 × 364

4.製圖紙之計量

(1)紙張計量單位為令，一令為 500 張全開 (A0) 圖紙計量。

(2)市面上紙厚以磅數稱之，例如：每令紙重為 150 磅者，稱為 150 磅圖紙。

(3)由於推行公制 (SI) 標準，製圖紙厚採 g/m^2 為單位，亦為 GSM 或 gsm。

(4)紙張磅數或 GSM 愈大，表示紙張愈厚。

5.製圖紙之要求

(1)製圖紙必須紙質堅韌、不易凹陷、擦拭不起毛、上墨不易滲透及紙面不耀目者為佳。

(2)CNS 規定製圖用紙採 A 系列規格為主，橫式、縱式均適用。

(3)標準圖紙可延伸，若需較 A0 更大的圖紙，其大小可採用 A0 的兩倍。

6.圖框大小

(1)圖框目的：使圖面複製或印刷時能定位準確，如圖 1–5–3 所示。

(2)圖框尺度：依圖紙大小而異，如表 1–5–2 所示。

(3)圖框區分：裝訂式與不裝訂式兩種。

(4)圖框裝訂：左邊圖框線應離紙面邊 25 mm。

(5)圖框線：圖框線為粗實線，圖框線不可當作尺度界線及輪廓線使用，當視圖尺度太大時，視圖不可畫到圖框外。

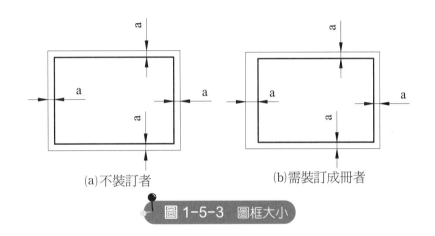

(a)不裝訂者　　　(b)需裝訂成冊者

圖 1-5-3　圖框大小

表 1-5-2　圖框尺寸（單位：mm）

格式	A0	A1	A2	A3	A4
不裝訂	15	15	15	10	10
需裝訂部分	25	25	25	25	25

7.圖面之分區

(1)分區目的：使圖面之內容易於搜尋。

(2)分區方式：圖框之外圍作偶數等分刻畫，如圖 1–5–4 所示。

(3)分區間距：各刻畫間距為 25～75 mm，刻畫線為粗實線。

(4)分區標示：縱向以大楷拉丁字母順序自上而下記入，橫向以阿拉伯數字順序自左而右記入，例如 B8。

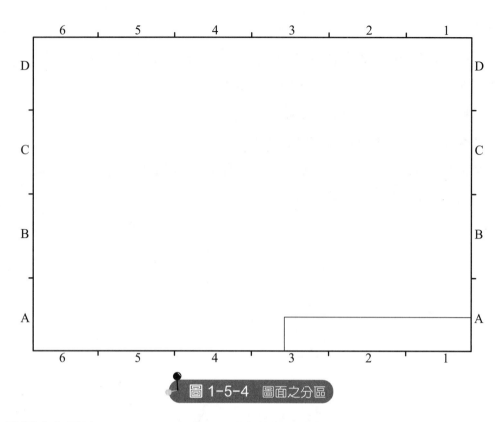

圖 1-5-4　圖面之分區

8.圖紙中心記號

(1)中心記號目的：使圖面在複製或微縮片製作時能定位準確。

(2)中心記號方式：可於圖紙之四邊繪製圖紙中心記號，如圖 1-5-5 所示。

(3)中心記號標示：中心記號線為粗實線，向圖框內延伸約 5 mm 長。

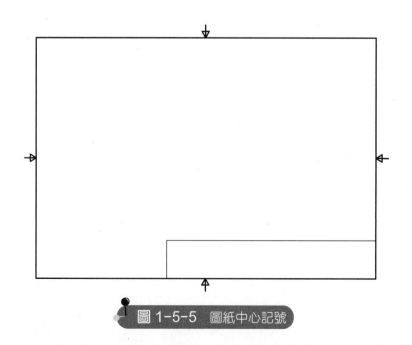

圖 1-5-5　圖紙中心記號

9.圖紙邊緣記號

⑴邊緣記號目的：使圖在複製時圖紙大小之裁切容易。

⑵邊緣記號方式：於圖紙之四個角落繪製圖紙邊緣記號，此記號可為實三角（邊長約 10 mm），如圖 1–5–6 所示，或為兩直交粗實線（線粗約 2 mm，線長約 10 mm），如圖 1–5–7 所示。

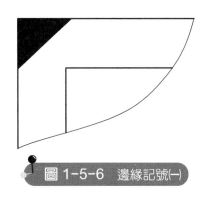

圖 1-5-6　邊緣記號㈠

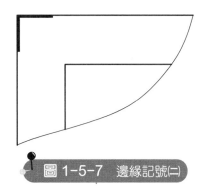

圖 1-5-7　邊緣記號㈡

10.標題欄格式

⑴標題欄位置：在圖框線內右下角，如圖 1–5–8 所示。

⑵標題欄大小：一般 A0、A1、A2、A3、A4 圖紙標題欄大小為 55×175 mm，如表 1–5–3 所示。

⑶標題欄內容：

①圖名；②圖號；③單位機構名稱；④設計、繪圖、描圖、校核、審定等人員姓名及日期；⑤投影法（以文字或符號表示）；⑥比例；⑦一般公差等。

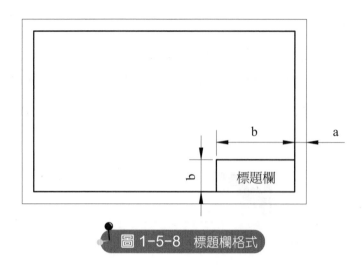

圖 1-5-8　標題欄格式

表 1-5-3　標題欄尺度（單位：mm）

圖紙大小	A0～A4	A5
標題欄大小 (c×e)	55×175	18×175

11.零件表

(1)零件表可加在標題欄上方，其填寫順序由下而上，如表 1-5-4 所示。

(2)零件表若另用單頁書寫，其填寫順序由上而下，如表 1-5-5 所示。

表 1-5-4　零件表填寫由下而上

件數	名　稱	件號	圖號	標準件號	材料尺度	模型號數	重量
		5					
		4					
		3					
		2					
		1					

	日期	姓名	
設計			
繪圖			（機構名稱）
描圖			
校核			
審定			
比例			
⊕ ⊲		（圖名）	（圖號）

表 1-5-5　零件表填寫由上而下

型　式					名　　　　稱	件數	圖號	標準件號	材料尺度	模型號數	重　量
件　　數											
						1					
						2					
						3					
						4					
						5					
						6					
						7					
						8					
						9					
						10					

（更改）

	日　期	姓　　名	
設　計			
繪　圖			（機構名稱）
描　圖			
校　核			
審　定			

12.更改欄

(1)已發出之圖需更改時，應在更改欄內標示，如表 1-5-6 所示。

(2)更改欄之形式，更改次數序號以 △1, △2, △3, … 表示之，例如 △2 表示更改第二次。

(3)更改欄填寫順序由下而上。

表 1-5-6　更改欄

△3				
△2				
△1				
記　號	更　改　項　目	姓　　　名	日　期	

13.圖紙摺疊與裝訂

(1)較 A4 大的圖紙摺成 A4 大小，且圖的標題欄摺在上面，以便查閱及保存，如圖 1-5-9 所示。

(2)依 CNS 而言：有 A0 圖紙一張，以摺成 A4 為原則，若需裝訂為 9 次，不裝訂為 5 次。

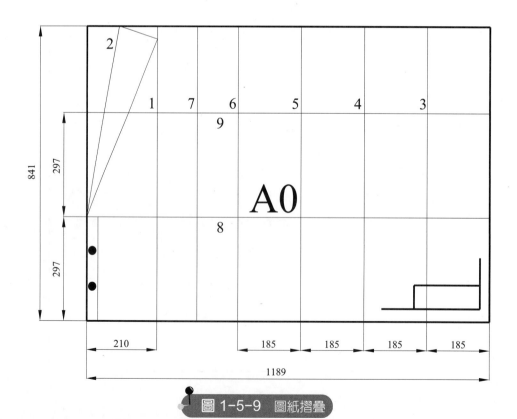

圖 1-5-9　圖紙摺疊

1-6 製圖之比例

1.製圖比例

⑴定義：

「圖面尺寸」與「實物尺寸」之比值，稱為「製圖比例」（或稱為「比例尺」）。

$$比例 = \frac{圖面尺寸}{實物尺寸}$$

⑵例如：

某機件某部位尺寸為 20 mm（實物尺寸），而繪於圖紙上之大小為 10 mm（圖面尺寸），則：

$$比例 = \frac{圖面尺寸}{實物尺寸} = \frac{10}{20} = \frac{1}{2}，記作 1:2 或 \frac{1}{2}$$

2.比例種類

CNS 規定的常用製圖比例，以 2、5、10 倍數的比例為常用者，如表 1-6-1 所示。

表 1-6-1　製圖比例尺

種　類	特　性	比　例	讀　法
全　尺 （足尺）	實大比例	1:1 或 $\frac{1}{1}$	1:1 讀成 1 比 1
縮　尺	縮小比例	$\frac{1}{2}, \frac{1}{2.5}, \frac{1}{4}, \frac{1}{5}, \frac{1}{10}, \frac{1}{20}, \frac{1}{50}, \frac{1}{100}, \frac{1}{200}, \frac{1}{500}, \frac{1}{1000}$	$\frac{1}{20}$ 讀成 1 比 20
倍　尺	放大比例	$\frac{2}{1}, \frac{5}{1}, \frac{10}{1}, \frac{20}{1}, \frac{50}{1}, \frac{100}{1}$	$\frac{50}{1}$ 讀成 50 比 1

3.比例使用原則

⑴全張圖以一種比例繪製為原則，並在標題欄內註明比例。

⑵若有必要用到其他比例時，應在其視圖正下方註明。如 $\frac{1}{2}$（$\frac{1}{4}$）表示整張圖以 $\frac{1}{2}$ 比例繪製，而部分零件圖比例為 $\frac{1}{4}$。

⑶不論使用縮尺或倍尺，圖上所標註的尺寸仍是物體實際大小尺寸。

⑷在機械製圖中，公制通常以 mm（公厘；毫米）為長度單位，在圖中不必另行註明，若需使用其他單位時，則一律加註單位符號。

1-7 電腦輔助製圖簡介

1. 電腦輔助製圖

(1)一般使用電腦來處理圖形或影像等，稱為電腦繪圖 (Computer Graphic)。

(2)利用電腦繪圖軟硬體從事製圖工程，稱為電腦輔助製圖（Computer Aided Drafting；簡稱 CAD）。

(3)較使用的 CAD 軟體有 :AutoCAD、Solidworks、Inventor、Pro/Engineer、Solidedge、Cadkey、Catia 等。

(4)傳統之儀器繪製工程圖已漸被 CAD 軟體繪圖所取代，普遍使用於各種製造的領域中。

(5) CAD 可與 CAM 結合，增進設計及製造之一貫作業系統。

2. CAD 電腦軟體基本配備

(1)作業系統；Windows 2000 或 Windows XP 以上版本。

(2)輔助製圖軟體：主要分為 2D 與 3D 的電腦輔助製圖軟體。

(3)常用電腦輔助製圖軟體：AutoCAD、Solidworks、Inventor、Pro/Engineer、Solidedge、Cadkey、Catia、PowerShape ……。

【特別說明】

(1) 2D 的製圖軟體以提供物體在二度空間的正投影多視圖繪製功能為主。

(2) 3D 的製圖軟體以提供物體在三度空間的立體幾何架構繪製功能為主。

(3) 目前產業界以 Autodesk 公司所發展 AutoCAD 電腦繪圖軟體占有率最高。

3. CAD 電腦硬體基本配備

(1)處理器：Intel Pentium III 以上。

(2)記憶體：256 MB（含以上）。

(3)硬碟 (HDD)：硬碟空間越大越好，一般預留 20 GB 以上。

(4)光碟機 (DVD-ROM)：儲存媒體的基本配備。

(5)顯示卡 (VGA)：至少 1024×768 VGA 的高解析度。

(6)光學滑鼠（或數位板）及鍵盤：滑鼠需三鍵式。

(7)顯示螢幕：解析達 1024×768 以上者為佳。

(8)輸出設備：繪圖機、印表機。

⑼不斷電系統 (UPS)：避免斷電造成資料損失等。

4.電腦輔助製圖優點

⑴促進工程分析。

⑵圖面資料清晰。

⑶圖檔重製性高。

⑷提升設計生產力。

⑸有效整合 CAD/CAM。

⑹容易建立幾何模型。

⑺方便管理圖檔及保存圖檔。

⑻易於建立物料清單及資料庫。

⑼改善設計品質，減少不正確設計。

1-8 本章與 AutoCAD 關聯示範說明

1. AutoCAD 基本環境介紹

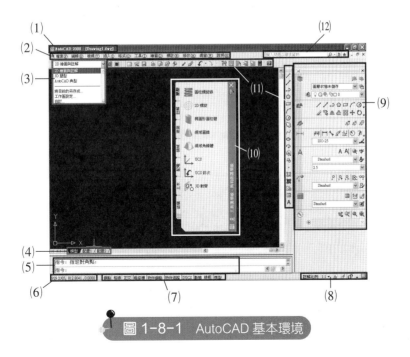

圖 1-8-1　AutoCAD 基本環境

⑴標題：顯示使用的版本及檔案名稱、格式。

⑵下拉式功能區：使用者可在這裡找尋所需的指令。

⑶工作區：可依使用者習慣模式而選用。

⑷配置籤鈕：可設定浮動的視窗，方便做繪圖工作的檢查與出圖。

⑸輸入指令、指令提示區：可直接輸入指令進行繪圖。會提示指令目前步驗所需的操作訊息。

⑹座標位置：顯示目前游標所在的位置。

⑺狀態列功能表：可以知道功能是否開啟。

⑻狀態顯示：可由此知道目前圖紙的狀態。

⑼選擇工作區的常用指令：方便選擇所需功能。

⑽工具選項板：可方便的找到要用的指令、功能。

⑾常用工具列：使用者可以自行放置常用的功能。

⑿尋找相關功能、問題。

2.滑鼠功能

⑴左鍵：點取、拖拉物件及視窗。

⑵中鍵滾輪：推移滾輪前後進行縮放圖形，壓住可拖移圖面，shift＋壓住滾輪移動，可旋轉 xyz 軸。

⑶右鍵：呼叫功能。

3.繪製一個 A4 的圖層，完成標題欄繪製。

⑴首先使用矩形 的指令，在第一個角點位置 0,0，指定角點 297,210 繪製矩形。再使用縮放實際範圍的功能，使畫出的圖框布滿繪圖區。

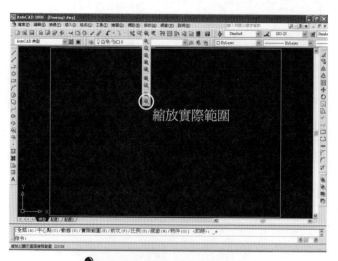

圖 1-8-2　繪製 A4 圖層

⑵之後我們再使用矩形的指令，繪製實際繪圖區，在第一個角點位置 25,10（考慮裝訂左邊預留 25 mm），指定角點 287,200 繪製矩形。

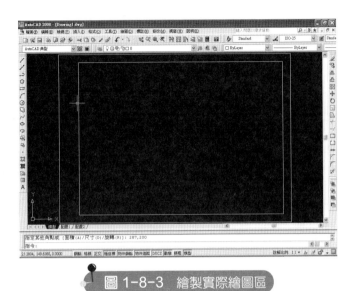

圖 1-8-3　繪製實際繪圖區

⑶圖框格式繪製完成後，再依使用者需求繪製標題欄。

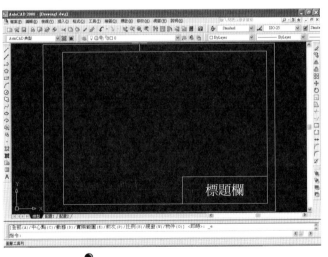

圖 1-8-4　繪製標題欄

4.文字型式

⑴格式 (O) →文字型式 (S)。

⑵使用者可依自已需求而設定型式、字體、大小、效果。

圖 1-8-5　設定文字形式

習　題

1. 試述工程圖學之意涵。

2. 試述工程圖學之基本要素及製圖之基本方法。

3. 試述按製圖過程分類。

4. 試述普通圖紙規格及其大小尺寸。

5. 試述製圖框之目的及大小尺寸。

6. 試述標題欄內容及大小尺寸。

7. 試述圖紙摺疊要點。

8. 試述製圖比例定義。

9. 試述製圖比例種類。

10. 試述電腦輔助製圖之意涵。

11. 試述 CAD 電腦軟體基本配備。

觀念評量

（　）　1.製圖的要素是指

（A）線條與尺寸　（B）尺寸與字法　（C）線條與字法　（D）線條與註解。

（　）　2.製圖之方法可分為

（A）正投影與斜投影　（B）一點透視與二點透視　（C）鉛筆畫與上墨畫　（D）儀器畫、徒手畫、電腦製圖。

（　）　3.有關製圖的說明，下列敘述何者錯誤？

（A）識圖與畫圖是學習製圖的目的　（B）製圖的首要要求是正確　（C）製圖的要素是尺寸與字法　（D）藍圖是現場操作者所使用的圖面。

（　）　4.表示單一零件或構件之圖，以為現場生產之用者為

（A）零件圖　（B）說明圖　（C）部分組合圖　（D）安裝圖。

（　）　5.標準圖紙 A4 規格圖紙的尺度為

（A）364×515　（B）297×420　（C）257×364　（D）210×297　　mm。

（　）　6.有關圖紙規格，下列敘述何者錯誤？

（A）A 系列與 B 系列的長寬比均為 $\sqrt{2}:1$　（B）B4 的規格為 $364 \text{ mm} \times 257 \text{ mm}$　（C）A3 規格為 $397 \text{ mm} \times 280 \text{ mm}$　（D）CNS 標準採取 A 系列規格。

（　）　7.有關圖紙規格，下列敘述何者錯誤？

（A）CNS 採用 A 系列　（B）道林紙計量單位為令　（C）A0 圖紙面積為 1 m^2　（D）150 磅紙比 180 磅紙厚。

（　）　8.有關圖紙的規格，下列敘述何者錯誤？

（A）CNS 圖紙規格採用 A 系列　（B）A0 圖紙的面積為 1 m^2　（C）圖紙長邊為短邊的 $\sqrt{2}$ 倍　（D）150 磅紙比 120 磅紙薄。

（　）　9.關於製圖紙的描述，下列何者錯誤？

（A）A0 紙張的面積約為 1 m^2　（B）A 系列尺寸，寬與長之比為 $1:\sqrt{2}$　（C）計算單位「一令」表示對開圖紙 500 張　（D）每令重量 150 磅者，稱為 150 磅圖紙。

（　）　10.有關圖紙摺疊，下列敘述何者正確？

（A）可隨意摺成適當大小　（B）圖紙標題欄必須摺在上面　（C）一般摺成 A5 大

小　(D)圖的標題欄應摺在裡頁以防洩密。

（　）11.圖紙上標題欄內<u>不包含</u>

(A)圖名　(B)圖號　(C)圖例　(D)繪圖者。

（　）12.裝訂成冊的 A3 與 A4 圖紙，其左邊與另外三邊的圖框線距紙邊尺寸各為

(A) 20、10　(B) 25、15　(C) 20、15　(D) 25、10　　mm。

（　）13.有關製圖說明，下列敘述何者<u>錯誤</u>？

(A)現場操作者所使用的圖面為原圖　(B)機械製圖的趨勢是電腦繪圖　(C) 1 令紙張數為 500 張　(D) CNS 規定圖紙的大小為 A 系列規格。

（　）14.依照 CNS 規範，A0 規格圖紙面積為 1 m^2，則可推算 A4 規格圖紙面積為若干？

(A) 0.0625 m^2　(B) 0.25 m^2　(C) 2 m^2　(D) 4 m^2。

（　）15.有關圖框與圖框線的敘述，下列敘述何者正確？

(A)圖框線為粗實線　(B)圖框線可當作尺度界線使用　(C)圖框線可當作輪廓線使用　(D)當視圖尺度太大時，視圖可畫到圖框外。

（　）16.有一零件圖依 1:2 之比例尺繪製，若實際長度為 100 mm，則圖上標註為下列何者？

(A) 20 mm　(B) 50 mm　(C) 100 mm　(D) 200 mm。

（　）17.一矩形工件之尺寸為 60 mm×40 mm，若以 1:2 比例畫於圖紙上，則圖中矩形之面積為

(A) 9600　(B) 960　(C) 6000　(D) 600　　mm^2。

（　）18.有關比例的說明，下列敘述何者<u>錯誤</u>？

(A) 1:2 是縮小比例　(B)全張圖可以多種比例混合使用，無需加以註明　(C)比例 2:1 時，實物大小 10 mm，則圖面上大小 20 mm　(D)為表示細微部分的尺寸、輪廓，可以使用放大比例。

（　）19.有關 A 系列圖紙的規格，下列敘述何者正確？

(A) A0 圖紙的長邊為短邊的 3 倍　(B) A0 圖紙的長邊為 A1 圖紙長邊的 2 倍　(C) A1 圖紙的面積為 A3 圖紙面積的 3 倍　(D) A1 圖紙的面積為 A3 圖紙面積的 4 倍。

（　）20. CNS 機械製圖中，下列哪一項<u>不是</u>常用的放大比例？

(A) 2.5:1　(B) 5:1　(C) 10:1　(D) 20:1。

Chapter

2

製圖設備與用具

2-1 製圖桌椅

1.製圖桌

(1)製圖桌由製圖架、製圖板及墊皮組成，如圖 2-1-1 所示。

(2)製圖桌光源應充足，使光源由左射入。

(3)製圖桌高度約 92～108 cm。

(4)製圖桌角度可作 0°～75° 調整。

(5)製圖桌傾斜度以 1:8 為宜。

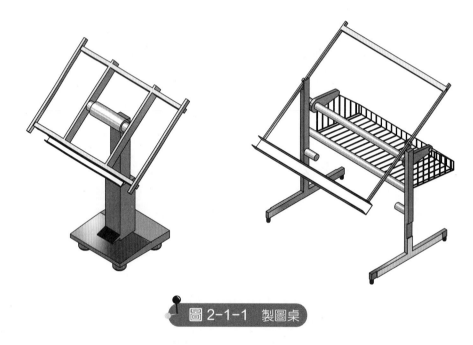

圖 2-1-1　製圖桌

2.製圖板

(1)製圖板一般以經乾燥處理，不生變形之檜木或白松木製成，如圖 2-1-2 所示。

(2)製圖板左右兩端鑲以直紋硬木或金屬條，以作導邊及防止圖板扭曲變形。

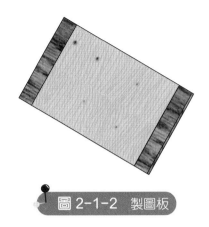

圖 2-1-2 製圖板

3.製圖椅

　⑴製圖椅需堅固耐用，如圖 2–1–3 所示。

　⑵製圖椅可調整高低及自由旋轉為宜，以舒服耐用為原則。

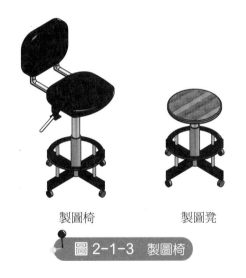

製圖椅　　　　　製圖凳

圖 2-1-3 製圖椅

2-2 丁字尺與平行尺

1.丁字尺

　⑴丁字尺是畫水平線的工具，如圖 2–2–1 所示。

　⑵丁字尺配合三角板可畫垂直線與傾斜線。

　⑶丁字尺是由尺頭及尺身（尺葉）所組成，有固定式及活動式兩種。

　⑷丁字尺主要要求為尺身平直。

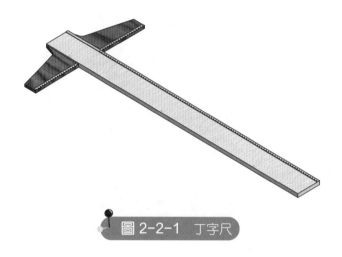

圖 2-2-1　丁字尺

2.平行尺

(1)平行尺與丁字尺功能相同，平行尺無尺頭部分，尺身則以尼龍線或鋼線固定，如圖 2-2-2 所示。

(2)平行尺畫平行線甚理想。

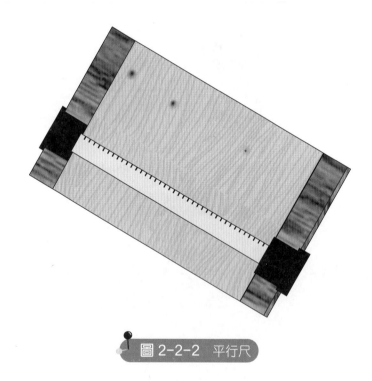

圖 2-2-2　平行尺

3.三角板

(1)三角板兩片一組，一片為 45°×45°，另一片為 30°×60°。

(2)三角板格規大小為 45° 的斜邊與 60° 的對邊長度相同。

(3)一組三角板配合丁字尺，可繪出所有 15° 倍數的角度，即：可將一圓分成 24 等分，亦即可將半圓分成 12 等分，如圖 2–2–3 所示。

(4)可配合尺或丁字尺繪平行線及垂直線，如圖 2–2–4 及圖 2–2–5 所示。

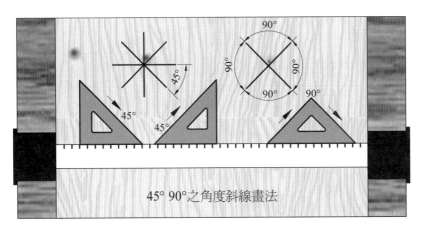

45° 90°之角度斜線畫法

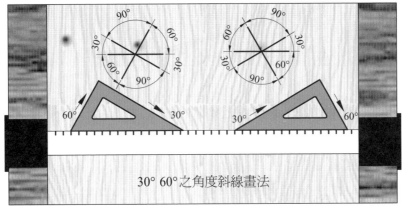

30° 60°之角度斜線畫法

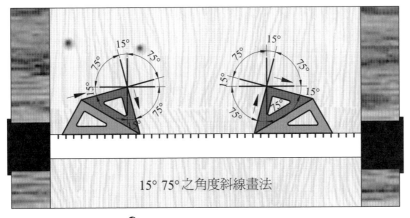

15° 75°之角度斜線畫法

圖 2-2-3　三角板使用

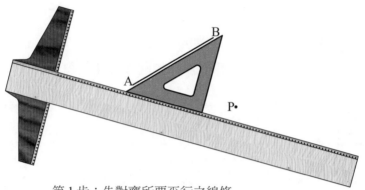

第1步：先對齊所要平行之線條

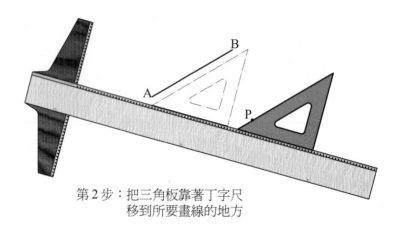

第2步：把三角板靠著丁字尺
移到所要畫線的地方

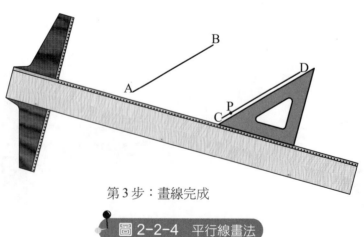

第3步：畫線完成

圖 2-2-4 平行線畫法

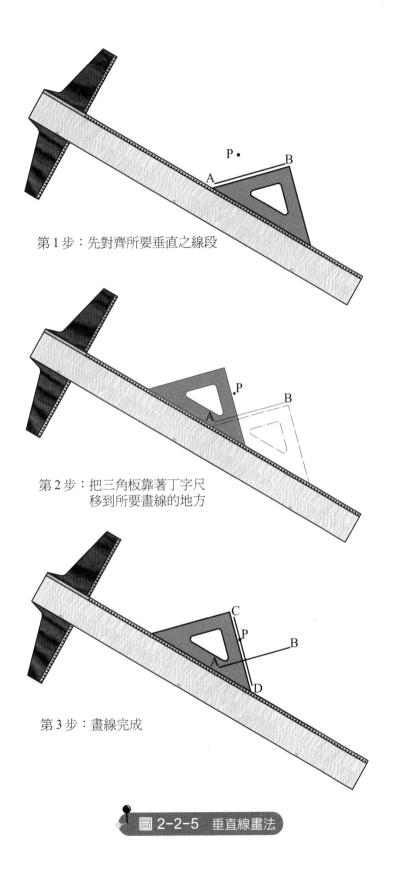

第1步：先對齊所要垂直之線段

第2步：把三角板靠著丁字尺
　　　　移到所要畫線的地方

第3步：畫線完成

圖 2-2-5　垂直線畫法

2-3 成套製圖儀器

成套製圖儀器包括：圓規、分規、鴨嘴筆（或針筆）等三大主要元件，簡述如下：

1.圓規

參見圖 2–3–1 所示。

(1)點圓規：用來畫直徑 6 mm 以下小圓或小圓弧。

(2)彈簧規（弓形規）：用來畫直徑 6～50 mm 之圓或圓弧。

(3)普通圓規：用來畫直徑 50～240 mm 之圓或圓弧，裝上延伸桿可畫直徑達 400 mm 之大圓。

(4)梁規：專用以畫大圓或大圓弧，在板金的工作圖中，常被採用。

(5)速調圓規：是綜合點圓規、彈簧規和普通圓規的功能於一體之新式圓規。

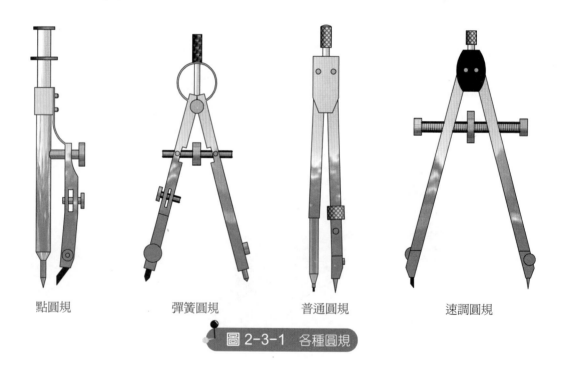

| 點圓規 | 彈簧圓規 | 普通圓規 | 速調圓規 |

圖 2-3-1 各種圓規

2.分規

⑴分規用來等分線段或量取長度，如圖 2–3–2 所示。

⑵分規不能用來畫圓。

⑶分規兩支腳皆為針尖狀。

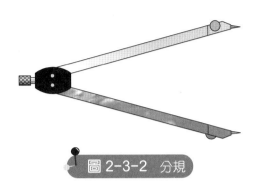

圖 2-3-2　分規

【特別說明】

⑴圓規之鉛筆心削法大都採用楔形，長度約 6 mm。

⑵針腳稍長於筆腳。

⑶不可直接將圓規在直尺或比例尺上量度，以免刻度受損。

⑷畫同心圓時，先畫小圓，再畫大圓。

⑸畫大圓時，須將圓規兩腳關節處彎曲，使兩腳與紙面成垂直。

⑹圓規用法：右手的食指和拇指抓圓規柄，以輔助針定於圓心上，然後以拇指和
食指順時鐘旋轉一圈即得到所要的圓，如圖 2–3–3 所示。

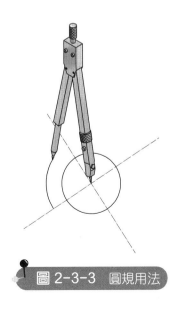

圖 2-3-3　圓規用法

(7)分規用法：分規是用以移取或量取等長度之用具，當要以分規取等長度時，其
調整和圓規相同，如圖 2-3-4 所示。

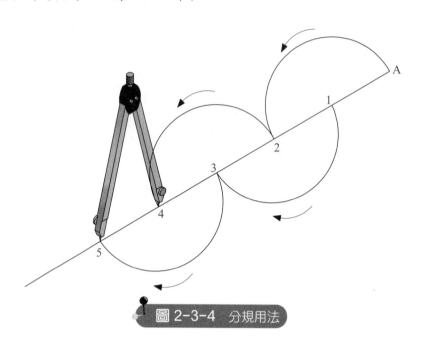

圖 2-3-4　分規用法

2-4 製圖用筆

1.鉛筆等級

(1)鉛筆等級從最硬的 9H 到最軟的 7B，分別為 9H、8H、7H、6H、5H、4H、3H、
2H、H、F、HB、B、2B、3B、4B、5B、6B、7B，共分 18 級，如圖 2-4-1 所
示。

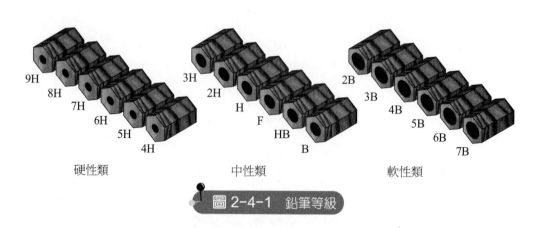

硬性類　　　　　　　　中性類　　　　　　　　軟性類

圖 2-4-1　鉛筆等級

(2)鉛筆等級中 "H" 代表硬而細，"B" 代表軟而粗。

(3)製圖主要使用 3H～B 之中硬度筆心。

表 2-4-1　常用筆心及其用途

用途	常用之筆心
繪底稿	3H、2H、H
描圖、寫字	H、F、HB
圓規筆心	F、HB

2.鉛筆的削法

(1)鉛筆勿削有等級記號端。

(2)鉛筆切削長度約 30 mm，使筆心露出約 10 mm，並用砂紙將筆心磨成所需之筆尖，如圖 2-4-2 所示。

(3)鉛筆筆尖一般有兩種削法：

　①錐形尖：用於一般製圖，徒手畫或寫字。

　②楔形尖：專用於畫直線。

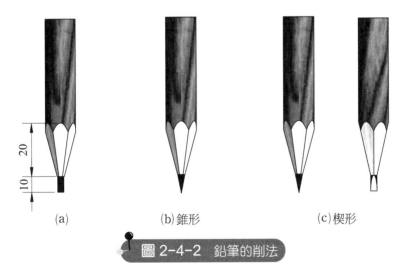

(a)　　　　(b)錐形　　　　(c)楔形

圖 2-4-2　鉛筆的削法

3.鉛筆的使用

(1)使用鉛筆畫線時，沿畫線方向前傾 60°。

(2)錐形筆尖則一面畫線一面旋轉筆桿以保持尖銳度，使線段均勻。

4.針筆

(1)每枝針筆僅能畫一種粗細的線條，可用於畫線與寫字，如圖 2-4-3 所示。

(2) ISO 針筆規格分有 0.13、0.18、0.25、0.35、0.5、0.7、1.0、1.4、2.0 mm（稱為 $\sqrt{2}$ 系列）。

(3) 0.5 的針筆表示：該筆畫出來的線條粗細為 0.5 mm。

(4)畫線時，筆桿往畫線方向傾斜約 80°～85°，筆身維持與紙面 90° 垂直。

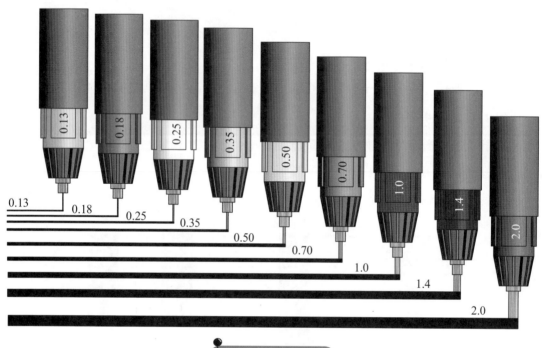

圖 2-4-3　針筆

2-5 曲線板、曲線條

1.曲線板

(1)曲線板係由不規則曲線所構成，用來繪製圓弧外的各種曲線工具，如圖 2-5-1 所示。

(2)曲線板之外形是由漸開線、擺線、橢圓、雙曲線、拋物線、螺旋線等數學曲線及其他不規則曲線所組成。

(3)曲線板所配合之曲線長度一定要比所畫之長度長。

圖 2-5-1　曲線板

2.曲線條

⑴曲線條目前大多用以取代曲線板，尤其是畫較大的曲線，如圖 2-5-2 所示。

⑵曲線條使用時，彎曲成欲求之曲線形狀，然後以左手或文鎮壓住曲線條畫出曲線。

圖 2-5-2　曲線條

2-6 直尺、比倒尺

1.直尺

⑴直尺為最簡單之度量工具，以鋼片製成，如圖 2-6-1 所示。

⑵直尺規格長度一般為 150 mm 或 300 mm。

⑶直尺公制單位為 mm。

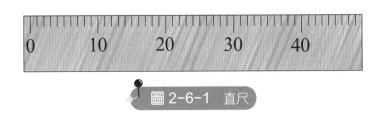

圖 2-6-1　直尺

2.比例尺

(1)比例尺為尺上有比例刻度者，如圖 2–6–2 所示。

(2)比例尺用於圖需要放大或縮小比例者。

(3)比例尺常呈三角形，每面具有兩種刻度，共計六種規格刻度。

(4)比例尺常用刻度為 1/100、1/200、1/300、1/400、1/500、1/600 等刻度。

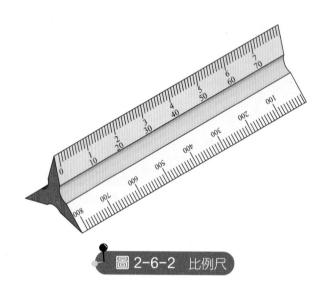

圖 2-6-2 比例尺

2-7 量角器、字規、模板

1.量角器

(1)量角器用來量取已知的角度或欲繪製的角度，如圖 2–7–1 所示。

(2)量角器材質為塑膠或壓克力板，形狀有圓形、半圓形兩種，圓形刻度為 360°，半圓形為 180°，最小刻度為 1°。

(3)量角器不可用於畫直線及圓弧。

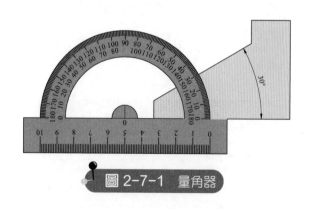

圖 2-7-1 量角器

2.模板、字規

⑴使用模板、字規的目的是為節省繪圖時間、美觀、標準化。

⑵模板、字規使用時應使筆和圖面保持垂直並緊靠模板。

⑶模板中圓圈板由直徑 1～36 mm 組成，以 1 mm 為增量單位，可節省畫圖時間，
如圖 2–7–2 所示。

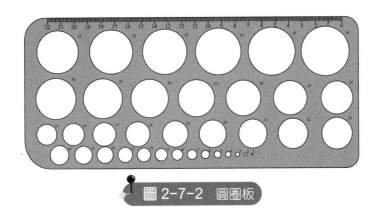

圖 2-7-2　圓圈板

⑷模板中等角橢圓板為畫等角橢圓專用，軸比例 1：1.732／35°16′，可快速完成畫橢
圓，如圖 2–7–3 所示。

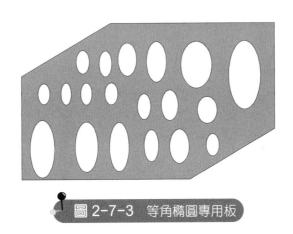

圖 2-7-3　等角橢圓專用板

⑸字規：由英文字母及阿拉伯數字組成，用來標示尺寸及註解，增加圖面美觀，
如圖 2–7–4 所示。

圖 2-7-4　字規

2-8 萬能製圖儀

1.萬能製圖儀功能

⑴萬能製圖儀是一種集合丁字尺、三角板、比例尺、量角器等功能的儀器，如圖 2-8-1 所示。

⑵萬能製圖儀可快速繪製水平線、垂直線、傾斜線與各種角度。

⑶萬能製圖儀無法畫圓弧。

2.萬能製圖儀原理

⑴萬能製圖儀有懸臂式與軌道式兩種。

⑵萬能製圖儀利用平行運動機構原理製成。

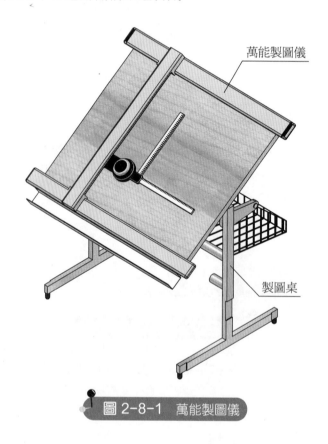

萬能製圖儀

製圖桌

圖 2-8-1 萬能製圖儀

2-9 橡皮擦、擦線板、圖紙固定

1.橡皮擦

⑴橡皮擦分硬質及軟質。

⑵硬質用以擦除墨線，軟質用以擦除鉛筆線及紙面污垢。

2.擦線板（消字板）

⑴擦線板用於擦拭不要的線條或註解，如圖 2-9-1 所示。

⑵擦線板可配合橡皮擦使用。

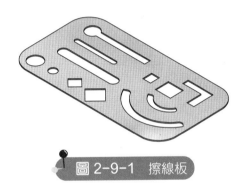

圖 2-9-1　擦線板

3.圖紙固定的方法

⑴利用製圖板固定圖紙：應將圖紙置於圖板的左下方位置，距離圖板左邊及下邊
均各約 100 mm 左右。

⑵利用萬能製圖儀固定圖紙：應將圖紙置於圖板的中央偏下方。

2-10 電腦輔助繪圖及其周邊設備

1.電腦輔助繪圖

⑴電腦繪圖是指利用電腦作為繪圖的工具來畫出圖形。

⑵電腦輔助繪圖 (Computer Aided Drafting) 為電腦輔助設計 CAD (Computer
Aided Design) 之狹義解釋。

⑶目前大部分之電腦繪圖常被稱為 CAD。

2.電腦輔助繪圖所需硬體

電腦輔助繪圖所需硬體方面包括電腦主機、螢幕、滑鼠等，如圖 2-10-1 所示。

3.電腦輔助繪圖所需軟體

(1)電腦輔助繪圖所需軟體方面有 2D 和 3D 軟體。

(2)繪圖軟體 2D 使用最普遍的是 AutoCAD。

(3)繪圖軟體 3D 使用最普遍的是 SolidWorks、Inventor 等。

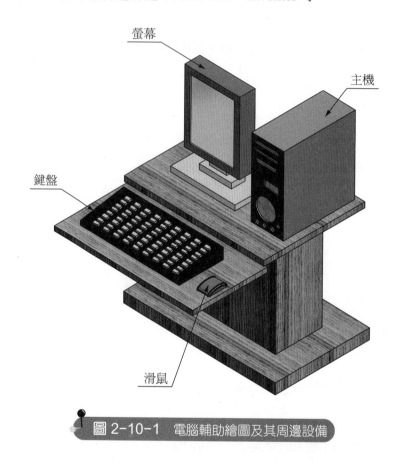

圖 2-10-1　電腦輔助繪圖及其周邊設備

習　題

1. 試述丁字尺之功用與使用要點。

2. 試述成套製圖儀器之種類與使用要點。

3. 試述製圖用筆之種類與使用要點。

4. 試述曲線板、曲線條使用要點。

5. 試述量角器、字規及模板使用要點？

6. 試述電腦輔助繪圖及其周邊設備有哪些？

觀念評量

（　）1. 有關於製圖桌，下列敘述何者錯誤？

⒜其製圖板以不生變形之檜木或白松木製成　⒝製圖桌高度約 92～108 cm　⒞製圖桌可有高低調整　⒟製圖桌角度可作 0°～90° 調整。

（　）2. 30°×60° 三角板之大小係指何邊之長度？

⒜ 30° 對邊長　⒝ 60° 對邊長　⒞ 90° 對邊長　⒟斜邊長。

（　）3. 利用三角板配合丁字尺，無法完成下列何種角度？

⒜ 15°　⒝ 75°　⒞ 165°　⒟ 205°。

（　）4. 利用一組兩片分別為 45°×45°×90° 及 30°×60°×90° 的三角板，配合丁字尺使用，最多可以將圓分割成若干等分？

⒜ 18　⒝ 20　⒞ 22　⒟ 24。

（　）5. 有關三角板，下列敘述何者錯誤？

⒜規格以刻畫尺寸長度稱之　⒝可配合丁字尺畫任意斜線之平行線　⒞配合丁字尺畫垂直線是由上往下畫　⒟ 30°×60° 長度尺寸刻在 60° 角的對邊上。

（　）6. 製圖時，下列敘述何者正確？

⒜以比例尺作為畫直線之規尺使用　⒝以分規刺針孔在畫板上　⒞以吸墨紙吸乾墨線　⒟以三角板置於丁字尺之上邊畫垂直線。

（　）7. 有關鉛筆依其硬到軟的次序，下列敘述何者正確？

⒜ B、BH、F、H、2H　⒝ B、HB、F、H、2H　⒞ 2H、F、BH、B　⒟ 2H、H、F、HB、B。

（　）8. 製圖時，常用的鉛筆是 2H、H、F、HB、B 及 2B 等不同軟硬規格的鉛筆，H 表示硬、B 表示軟。打底稿時，一般是用

⒜ 2H～H　⒝ F～HB　⒞ HB～B　⒟ B～2B　之鉛筆。

（　）9. 有關使用鉛筆製圖時的敘述，下列何者錯誤？

⒜依筆心硬度，可概分為硬質類、中質類、軟質類三類　⒝一般在工程圖上以採用中質類 (3H～B) 居多　⒞畫線時，鉛筆需與運動方向成 60°　⒟畫線時，絕對不可旋轉鉛筆。

（　） 10.有關針筆，下列敘述何者錯誤？

(A)其標稱尺度稱為 $\sqrt{2}$ 系列尺度　(B)使用專用墨汁，最好為原廠產品　(C)在畫細線條時，因為繪製不易，筆桿與紙面角度可任意傾斜　(D)墨水應填滿 80% 以上較宜，太多容易溢出。

（　） 11.下列敘述何者正確？

(A) 3B 鉛筆比 2H 鉛筆硬　(B)鴨嘴筆是用來寫字的　(C)畫直徑 6 mm 以下的小圓，可用點圓規　(D)上墨時，先直線，然後曲線、圓弧，最後才寫字。

（　） 12.有關製圖儀器，下列敘述何者錯誤？

(A) HB 鉛筆的筆心，比 H 鉛筆的筆心硬　(B)分規可用以等分線段　(C)三角板與丁字尺配合使用，可以畫垂直線與平行線　(D)可使用梁規來畫大圓。

（　） 13.使用模板繪製時，應使筆和圖面保持

(A)傾斜 60°　(B)垂直　(C)傾斜 75°　(D)任意傾斜並緊靠模板。

（　） 14.畫不規則曲線可用

(A)鋼尺　(B)曲線板　(C)丁字尺　(D)橢圓板　(E)圓規。

（　） 15.有關製圖儀器，下列敘述何者錯誤？

(A)分規的功用為放大、縮小圖形　(B) 105° 之角度可用丁字尺與三角板畫出　(C)使用針筆時須注意筆尖垂直於紙面　(D)圓規筆心大都採用中質類。

（　） 16.下列敘述何者錯誤？

(A)繪圖比例 2:1 為放大原物體　(B)繪圖比例 1:4 為縮小原物體　(C)三稜比例尺有三面，共有三種比例尺度　(D)比例尺依專業不同分機械、土木、電機與化工等多種專用比例尺。

（　） 17.有關製圖儀器，下列敘述何者正確？

(A)圓規用以量取長度及分割線段　(B)丁字尺可用於畫直線　(C)曲線板係用以畫圓弧外之各種曲線　(D)比例尺可用於畫直線。

（　） 18.下列敘述何者錯誤？

(A)在圖面上的 1/2 公分相當於實物的一公厘長，則其比例的標註法為 5:1　(B)使用擦線板時，將欲擦拭的線條置於擦線板適當形狀的板槽處，以橡皮擦拭之　(C)可撓曲線規適合用來畫較小彎曲線　(D)使用模板時，要特別注意位置的對準和筆尖的垂直紙面。

（　） 19.模板是製圖時寫字的輔助工具，下列敘述何者錯誤？

⒜書寫字體若講求品質，可使用字規；但徒手寫字則較節省時間 ⒝圓板上的號數代表半徑尺寸 ⒞使用模板時，鉛筆或針筆筆尖要和紙張呈 90°角狀態 ⒟圓板、橢圓板、字規等通用模板外，各行業另有特殊用途的模板。

( ) 20.使用丁字尺的圖桌固定圖紙繪圖時，應將圖紙固定在製圖板的
⒜左下方 ⒝右下方 ⒞正中央 ⒟中央偏下方。

Chapter

3

線條與字法

3-1 線條之種類

1.圖學的基本要素

(1)線條：利用線條表達物體形狀、特性。

(2)字法：利用文字標註、註解。

2.線條的粗細

(1)線條的粗細分為「粗線」、「中線」、「細線」三級。

(2)同一張圖中所使用的粗線、中線、細線應有一大致之比例關係。

(3) CNS 建議由下表中選取一組合適之粗細尺度，以配合出較美觀之圖面，如表 3-1-1 所示。

(4)以粗線的尺度為準，中線約為粗線的 $\frac{2}{3}$，細線約為粗線的 $\frac{1}{3}$。

表 3-1-1　線條粗細尺度（單位：mm）

粗	1	0.8	0.7	0.6	0.5
中	0.7	0.6	0.5	0.4	0.35
細	0.35	0.3	0.25	0.2	0.18

3.線條分類

CNS 將線條分為實線、虛線、鏈線三種，其式樣如表 3-1-2 所示。

表 3-1-2　CNS 之線條分類

種類	樣式	粗細	畫法	用途
實線	A ———	粗	連續線	可見輪廓線 圖框線
	B ———	細	連續線	尺度線 尺度界線 指線 剖面線 作圖線 因圓角消失的稜線 旋轉剖面的輪廓線
	C ∿	細	不規則連續線	折斷線

	D 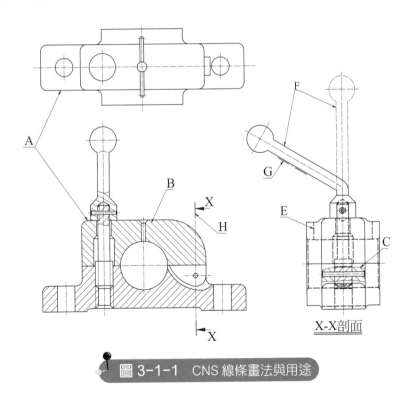	細	含鋸齒形彎折之連續線	折斷線
虛線	E - - - - -	中	每段約 3 mm，間隔約 1 mm	隱藏線
	F — - — -	細	線長約 20 mm中間為一點，間隔約 1 mm，	中心線節線假想線
鏈線	G — — —	粗	長度與間隔比例為 10:1	表面需要特殊處理物面的範圍
	H	粗細	兩端合轉角粗中間細，粗線長勿超過 10 mm	割面線

4. CNS 線條畫法與用途

　　CNS 線條畫法與用途如圖 3−1−1 所示。

圖 3-1-1　CNS 線條畫法與用途

5.一般繪圖之線條用途名稱與顏色

一般繪圖之線條用途名稱與顏色如表 3-1-3 所示。

表 3-1-3　線條用途名稱與顏色

線條用途名稱	顏色
輪廓線、範圍線	白
尺度線、尺度界線	綠
虛線	紫
中心線、假想線	黃
文字	紫
剖面線、折斷線	青
數值	紅
圖框線	藍

3-2 線條繪製要點

1.線條的起迄與交會注意事項

(1)虛線與其他線條交會應維持相交。

(2)虛線為實線的延長時應留空隙。

(3)虛線與實線成 T 形相接時，虛線之起點需與實線相接。

(4)虛線與實線相交時，其交點接合處應維持正交。

(5)虛線弧為實線弧之延長時，應留空隙。

(6)虛線圓弧部分之起迄點，要在切點上。

(7)圓之中心線交會應以長劃相交。

(8)若中間有中心線時應互相對齊。

(9)兩平行虛線若相距甚近應間隙錯開。

2.線條的起迄與交會說明

如表 3-2-1 所示。

表 3-2-1　線條的起迄與交會說明

正確	錯誤	說明
		虛線與實線成 T 形相接時虛線之起點須與實線相接
		虛線與虛線成角相交或 T 形相接須使線段部分相接
		虛線與虛線成角相交或 T 形相接須使線段部分相接
		虛線與虛線成角相交或 T 形相接須使線段部分相接
		虛線與實線成 T 形相接時虛線之起點須與實線相接
		平行虛線相聚甚近，應錯開
		若中間有中心線時應互相對齊
		虛線為粗實線的延長時應留空隙
		虛線弧為實線弧之延長時應留空隙
		虛線圓弧部分之起點應在切點上

3.線條重疊時之繪製順序

(1)以表達可見之外形線（粗實線）為第一優先。

(2)表達隱藏內部之外形線者為第二優先。

(3)中心線與割面線重疊時，應視何者較能使讀圖方便而定其先後。

(4)折斷線之位置選擇應盡量不與其他線段重疊為原則。

(5)尺度線不可與圖上之任何線段重疊。

(6)實線、虛線須避免穿越尺度線。

(7)線條重疊時，均以較粗者為優先。

(8)遇粗細相同時，則以重要者為優先。

(9)一般線條重疊時，優先順序為：

實線（粗實線）→虛線→中心線（割面線）→折斷線→尺度線（尺度界線）→剖面線

4.畫鉛筆線條之順序

(1)畫主要中心線

(2)畫實線圓草圖，先畫小圓弧、再畫大圓弧。

(3)繪水平線及垂直線外形做圖線。

(4)完成圓及圓弧的粗實線。

(5)完成水平線、垂直線及傾斜線粗實線。

(6)繪製虛線及中心線。

(7)標尺度、填寫註解、標題欄。

5.上墨線條之順序

(1)畫主要中心線之鉛筆草圖。

(2)畫圓及圓弧之鉛筆草圖。

(3)畫虛線圓及圓弧鉛筆草圖。

(4)畫水平、垂直及傾斜實線之鉛筆草圖。

(5)畫水平、垂直及傾斜虛線之鉛筆草圖。

(6)畫次要中心線及標註尺度線、尺度界線之鉛筆草圖。

(7)上圓弧及圓之墨線。

(8)上水平、垂直及傾斜線之墨線。

(9)畫虛線圓及圓弧之墨線。

(10)上水平、垂直及傾斜虛線之墨線。

(11)拉中心線及尺度界線、尺度線。

(12)標註尺度及註解。

(13)畫剖面線。

(14)填寫標題欄及零件表。

註：當用針筆畫線時，針筆須垂直於紙面，如圖 3-2-1 所示。

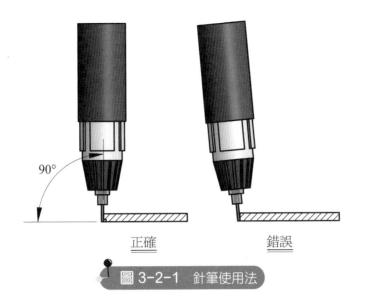

正確　　　　　　錯誤

圖 3-2-1　針筆使用法

3-3 中文字體

1.中文字字法一般通則

(1)中文字書寫，一律由左至右橫寫。

(2) CNS 中文字建議最小字高如表 3-3-1 所示。

(3)中文字採用「等線體」（俗稱：單筆字，黑體字）。

　　註：所謂單筆字並非指一筆完成之字，而是表示該字之筆畫粗細一致。

表 3-3-1　中文字最小字高（單位：mm）

應用	圖紙大小	中文字最小字高
標題	A0、A1	7
圖號件數	A2、A3、A4	5
尺度註解	A0、A1	5
	A2、A3、A4	3.5

2.中文字體

(1)中文字體採用等線體（俗稱：黑體字）。

(2)中文字體分為方形、長形、寬形三種，如圖 3-3-1 所示。

(3)中文字體筆畫粗細 $= \dfrac{1}{15}$（字高）；字距 $= \dfrac{1}{8}$（字高）；行距 $= \dfrac{1}{3}$（字高）。

(4)中文字體基本筆畫有八種：橫、豎、點、捺、撇、鉤、挑、角（永字八畫）。

(5)中文字體書寫要領：橫平豎直、排列均勻、單筆完成（粗細一致），填滿空格。

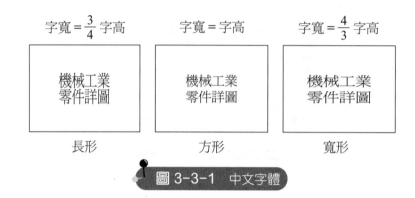

圖 3-3-1　中文字體

3-4 阿拉伯數字、拉丁字母

1.拉丁字母與阿拉伯數字字法一般通則

(1)拉丁字母和阿拉伯數字書寫，一律由左至右橫寫。

(2) CNS 拉丁字母和阿拉伯數字建議最小字高如表 3-4-1 所示。

(3)拉丁字母與阿拉伯數字採用「哥德體」均為筆畫粗細一致之單筆字。

　　註：所謂單筆字並非指一筆完成之字，而是表示該字之筆畫粗細一致。

表 3-4-1　拉丁字母和阿拉伯數字高（單位：mm）

應用	圖紙大小	最小字高	
		拉丁字母	阿拉伯數字
標題 圖號件數	A0、A1	7	7
	A2、A3、A4	5	5
尺度註解	A0、A1	3.5	3.5
	A2、A3、A4	2.5	2.5

2.拉丁字母與阿拉伯數字

(1)拉丁字母和阿拉伯數字採用哥德體。

(2)拉丁字母和阿拉伯數字分直式與斜式兩種，斜式之傾斜角度為 75°，如圖 3-4-1
及圖 3-4-2 所示。

⑶拉丁字母和阿拉伯數字的粗細 = $\dfrac{1}{10}$（字高）；行距 = $\dfrac{2}{3}$（字高）。

⑷拉丁字母和阿拉伯數字的字母與字母間隔均勻即可，不一定要大小相等。

⑸拉丁字母和阿拉伯數字的字與字間隔以容下一個字母 "O" 為原則。

⑹拉丁字母均用大寫（小寫只限於一些特定的符號或縮寫）。

A B C D E F G H I J K L M N O P Q R S
T U V W X Y Z a b c d e f g h i j k l m n

o p q r s t u v w x y z [(!?)] ∅

0 1 2 3 4 5 6 7 8 9 = + × %

圖 3-4-1　直式

A B C D E F G H I J K L M N O P Q R S
T U V W X Y Z a b c d e f g h i j k l m n

o p q r s t u v w x y z [(!?)] ∅

0 1 2 3 4 5 6 7 8 9 = + × %

圖 3-4-2　斜式

3-5 本章與 AutoCAD 關聯示範說明

1.線型設定

⑴可從快捷功能鍵叫出，也可由功能區叫出。

⑵格式 (O) → 線型 (N) → 線型管理員。

　①先選擇其他。

　②目前有的線型。

　③載入新的線型。

　④選擇使用者所需的線型。

⑶載入完，就會在①、②顯示。

圖 3-5-1　線型設定

2.設定繪圖時的圖層

⑴由格式 (S) →圖層 (L) 開啟。

⑵先示範如何設定，之後依使用者需求而自行設定。

⑶先從①建立所需要的圖層數目，會在②顯示出。

圖 3-5-2　建立所需圖層

⑷由②可設定各圖層的性質，在③可自定名稱，④設定顏色，⑤線型的種類。

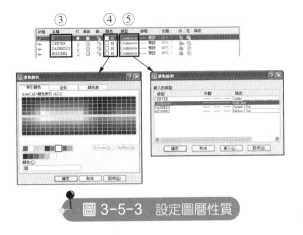

圖 3-5-3　設定圖層性質

(5)設定完，套用→確定，如圖 3-5-4。

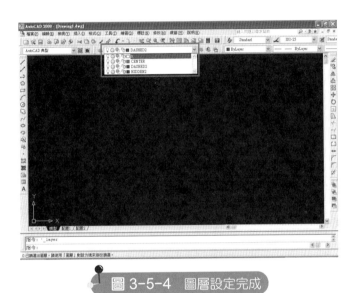

圖 3-5-4　圖層設定完成

習 題

PART A：練習工程字

油	漆	齒	數	模	數	移	位	係	數	直	徑

備	註	型	號	更	改	項	目	青	銅	黃	銅

中	心	距	彈	簧	姓	名	指	導	單	位	徑

PART B：線條練習（比例 1:1）

1.
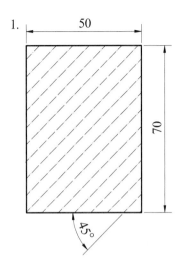

2.
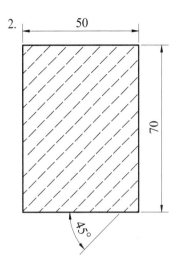

3.
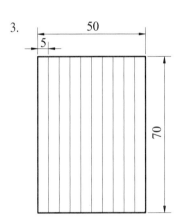

4.
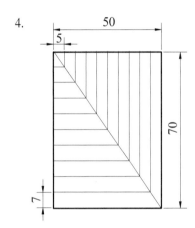

5.
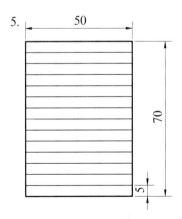

6.
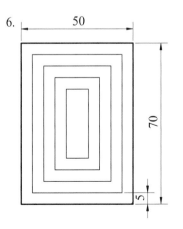

7.

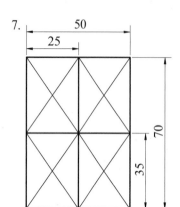

8.

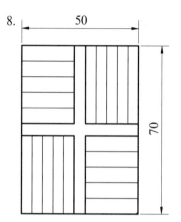

9.

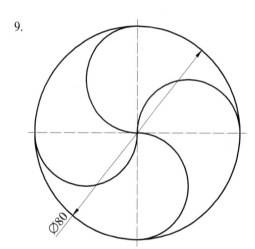

10.

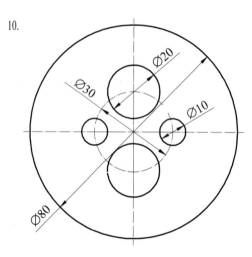

11.

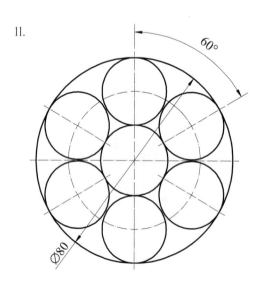

12.

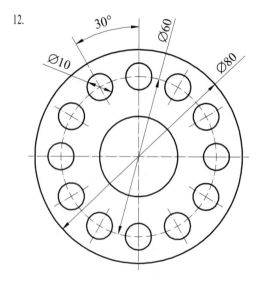

PART C

1. 試述圖學的基本要素。

2. 試述線條的粗細使用特性。

3. 試述線條種類、樣式、粗細、畫法、用途。

4. 試述線條的起迄與交會注意事項。

5. 試述線條重疊時之繪製順序。

6. 試述畫鉛筆線條之順序。

7. 試述中文字字法一般通則。

8. 試述拉丁字母與阿拉伯數字字法一般通則。

觀念評量

(　) 1. 依照 CNS 線條粗細配合的建議，如果粗線採用 0.5 mm，細線採用 0.18 mm，則中線應採用

(A) 0.25　(B) 0.3　(C) 0.35　(D) 0.4　　mm。

(　) 2. 有關圖框與圖框線，下列敘述何者正確？

(A)圖框線為粗實線　(B)圖框線可當作尺度界線使用　(C)圖框線可當作輪廓線使用　(D)當視圖尺度太大時，視圖可畫到圖框外。

(　) 3. 根據 CNS 標準，線條的粗細可分粗、中、細線條，請問中線條用於繪製

(A)隱藏線　(B)中心線與剖面線　(C)輪廓線與折斷線　(D)假想線。

(　) 4. 凡視圖中有對稱的形狀出現，除了長方形、正方形為大家所熟悉以外，都要以細鏈線畫出它們的對稱軸線，稱為

(A)粗實線　(B)細實線　(C)虛線　(D)中心線。

(　) 5. 依 CNS 製圖的規定，下列何者是用於表示特殊處理表面範圍的線條？

(A)粗鏈線　(B)細鏈線　(C)粗實線　(D)細實線。

(　) 6. 依照 CNS 規範，下列何種線條使用鏈線表示？

(A)輪廓線　(B)剖面線　(C)隱藏線　(D)割面線。

(　) 7. 依線條的優先順序，最優先的應該是

(A)隱藏線　(B)輪廓線　(C)中心線　(D)尺寸線。

(　) 8. 對於線條重疊之處理原則，下列敘述何者錯誤？

(A)以表達可見之外形線為先　(B)中心線與割面線重疊，以中心線為優先　(C)折斷線應選擇不與其他線段重疊為原則　(D)尺度線不可與圖上之任何線段重疊。

(　) 9. 視圖中若有不同線條重疊時，線條描繪優先順序，下列敘述何者錯誤？

(A)輪廓線與隱藏線重疊時，輪廓線較隱藏線優先　(B)輪廓線與中心線重疊時，輪廓線較中心線優先　(C)隱藏線與中心線重疊時，中心線較隱藏線優先　(D)隱藏線與尺度界線重疊時，隱藏線較尺度界線優先。

(　) 10. 對於線條繪製，下列敘述何者錯誤？

(A)兩平行虛線相距甚近時應錯開　(B)線、弧相切，切點處為線條之寬粗度

(C)虛線與其他線交會時應留空隙　(D)虛線為實線之延伸時，應維持相交。

( )　11.指出虛線的畫法中，下列何者錯誤？

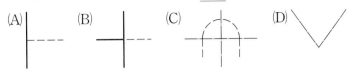

( )　12.下列何者是正確的線條畫法？

( )　13.有關上墨程序，下列敘述何者正確？
(A)先圓弧，然後曲線、直線，最後才寫字　(B)先寫字，然後直線、曲線，最後才圓弧　(C)先直線，然後曲線、圓弧，最後才寫字　(D)先寫字，然後圓弧、曲線，最後才直線。

( )　14.中文字筆畫的粗細約為字高的
(A) $\frac{1}{3}$　(B) $\frac{1}{5}$　(C) $\frac{1}{8}$　(D) $\frac{1}{15}$ 。

( )　15.圖上件號之中文工程字的字高，在 A0～A3 製圖紙上約為
(A) 2.5 mm　(B) 3.5 mm　(C) 5 mm　(D) 7 mm 。

( )　16.有關書寫拉丁字母，下列敘述何者錯誤？
(A)拉丁字母單字與單字的間隔，以容得下一個 O 字為原則　(B)行與行的間隔約為字高的 $\frac{2}{3}$　(C)拉丁字母的粗細為字高的 $\frac{1}{8}$　(D)斜式拉丁字母的傾角為 75°。

( )　17.中文工程字有
(A) 1 種　(B) 2 種　(C) 3 種　(D) 4 種　字體。

( )　18.有關字法之敘述，下列何者錯誤？
(A)書寫方式為自左向右橫寫　(B)中文字體有方形、長形及寬形三種　(C)中文筆畫共計有 8 種　(D)拉丁字中，字與字的間隔以能插入一個字母 "Q" 為原則。

( )　19.依照 CNS 標準，下列敘述何者錯誤？
(A)中文字體採用印刷字的等線體　(B)中文字體的種類有方形、長形、寬形三種　(C)長形字的字寬為字高的二分之一　(D)字與字的間隔為字高的八分

之一。

（　）20.根據 CNS 之規定，A1 至 A5 圖紙之阿拉伯數字的尺度註解，建議最小字高
為

　　(A) 2.5 mm　　(B) 3.5 mm　　(C) 5 mm　　(D) 7 mm。

Chapter 4

應用幾何

4-1 應用幾何概述

1.幾何圖 (Geometric Drawing)

⑴幾何圖為構成工程圖的最基本要素。

⑵幾何圖為表達圖學及工程製圖之最主要部分。

⑶熟悉幾何圖學之原理與畫法，以增加繪圖之速度及準確性。

2.幾何圖學範圍

⑴畫等分線段、角與圓弧。

⑵畫垂直線與平行線。

⑶畫多邊形。

⑷畫相切與切線。

⑸畫圖形比例。

⑹畫圓錐曲線，如圓、橢圓、雙曲線、拋物線等。

4-2 等分線段、角與圓弧

1.二等分一線段或圓弧的畫法

⑴已知平面上一線段 AB 或圓弧 AB。

⑵取大於 $\frac{1}{2}$AB 長為半徑，分別以 A、B 為圓心畫弧，交於 C、D 兩點。

⑶連接 CD，則 CD⊥AB，且 CD 交 AB 於 E 點、交圓弧 AB 於 F 點，即為所求，如圖 4-2-1 所示。

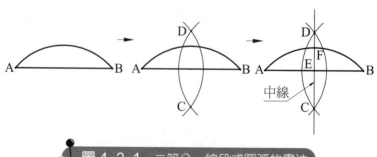

圖 4-2-1　二等分一線段或圓弧的畫法

2.二等分一角的畫法

⑴已知平面上一 ∠ABC。

⑵取一適當長為半徑，以 B 為圓心，畫弧交 AB 於 D，交 BC 於 E。

⑶取大於 $\frac{1}{2}$DE 為半徑，分別以 D、E 為圓心畫弧交於 F 點。

⑷連接 BF 即為所求，如圖 4–2–2 所示。

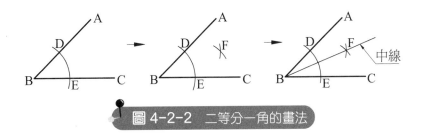

圖 4-2-2 二等分一角的畫法

3.任意等分一線段的畫法

⑴已知線段 AB，求作五等分線段。

⑵過線段之端點 A 或 B 點畫任意角度的直線 AC。

⑶用分規或直尺沿直線 AC 上，以任意適當長度畫出五個等分，得分點 1、2、3、4、5。

⑷將最後一點 5 和 B 相連。

⑸過其餘等分點畫平行於 5B 的直線，與已知線段 AB 相交於 1、2、3、4 各點，則 1、2、3、4 即為線段 AB 的五等分點，如圖 4–2–3 所示。

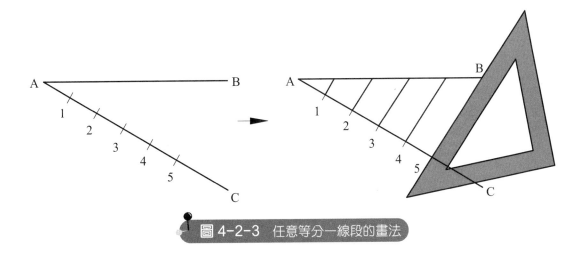

圖 4-2-3 任意等分一線段的畫法

4-3 垂直線與平行線

1.繪製平行線

已知線段 AB 和 P 點，求作一線段通過 P，且與線段 AB 平行，如圖 4-3-1 所示。

(1)將三角板之任一邊與線段 AB 重合。

(2)將丁字尺置於三角板下，並按住丁字尺不動。

(3)移動三角板至此邊剛好通過 P 點，沿此畫線，即為線段 AB 通過 P 點之平行線。

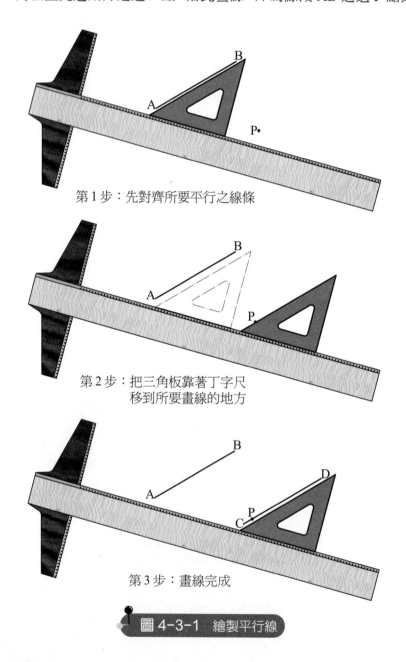

第 1 步：先對齊所要平行之線條

第 2 步：把三角板靠著丁字尺
　　　　移到所要畫線的地方

第 3 步：畫線完成

圖 4-3-1 繪製平行線

2.繪製垂直線

　　已知線段 AB 和 P，求作一線段通過 P 點，且與線段 AB 垂直，如圖 4-3-2 所示。

⑴將三角板的一腰與線段 AB 互相重合。

⑵將丁字尺緊靠於三角板之斜邊，並按住丁字尺不動。

⑶移動三角板，至另一腰剛好通過 P 點，沿此腰畫線，即為線段 AB 通過 P 點之垂線。

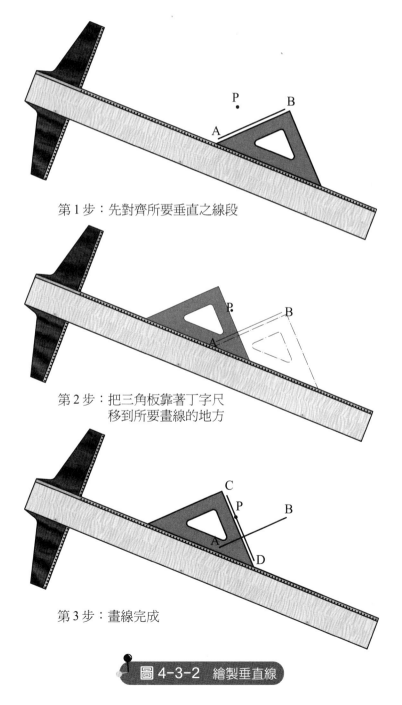

第 1 步：先對齊所要垂直之線段

第 2 步：把三角板靠著丁字尺
移到所要畫線的地方

第 3 步：畫線完成

圖 4-3-2　繪製垂直線

4－4 多邊形

1.已知一邊邊長畫正三角形

已知線段 AB，求作一正三角形，如圖 4-4-1 所示。

⑴分別以線段端點 A、B 為圓心，AB 線段長為半徑畫弧，交於 C 點。

⑵連接 AC、BC，則三角形 ABC 即為所求。

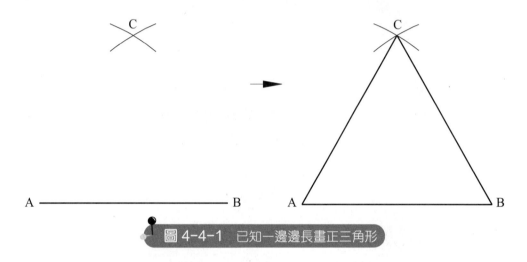

圖 4-4-1 已知一邊邊長畫正三角形

2.畫已知外切圓，求作正四邊形

⑴過圓心 O 點，將中心線繪出，與圓相交得點 A、B、C、D 四點。

⑵連接 AB、BC、CD、AD 線段，則四邊形 ABCD 即為所求，如圖 4-4-2 所示。

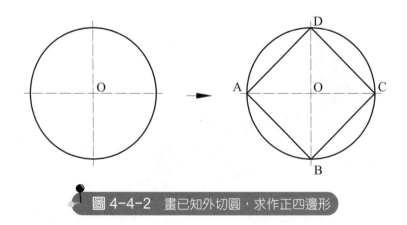

圖 4-4-2 畫已知外切圓，求作正四邊形

3.已知內切圓，求作正四邊形

　　利用 45° 之三角板，搭配丁字尺或平行尺畫出四條與圓相切之切線，所得之四邊形即為所求，如圖 4-4-3 所示。

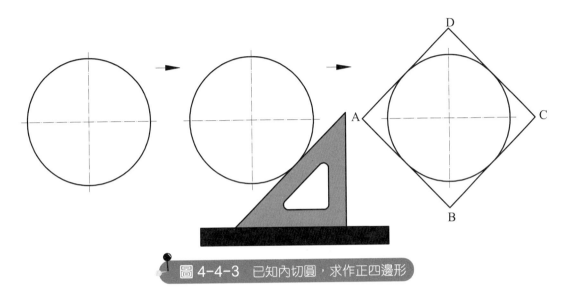

圖 4-4-3　已知內切圓，求作正四邊形

4.已知外接圓，求作正五邊形

⑴作半徑 OB 之中點，得點 o1。

⑵以 o1 為圓心，以 o1D 為半徑畫圓弧，與 OA 交於點 E，DE 即為圓內接正五邊形的邊長。

⑶以 DE 之長為邊長，在圓周上依量取 1、2、3、4 點，即可等分圓周；若依次連結各點，即得正五邊形，如圖 4-4-4 所示。

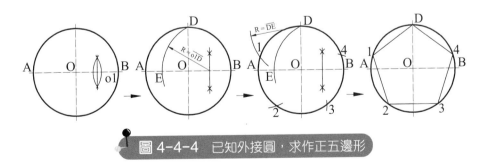

圖 4-4-4　已知外接圓，求作正五邊形

5.已知五邊形一長，求作正五邊形

⑴以 B 點為圓心，已知邊長 AB 為半徑畫圓弧，與過 B 點之垂線交於 C 點。

⑵求出線段 AB 的中心 D 點，以 D 點為圓心，CD 為半徑，畫圓弧與 AB 之延長

線交於 E 點。

(3)以 A 點為圓心，AE 為半徑，畫圓弧，與 AC 弧的延長交於 F 點，與過 D 點之
　 垂線交於 G 點。

(4)分別以 G 點和 A 點為圓心，AB 為半徑畫圓弧交於 H 點。

(5)依次連接 B、F、G、H、A 點，即得正五邊形，如圖 4-4-5 所示。

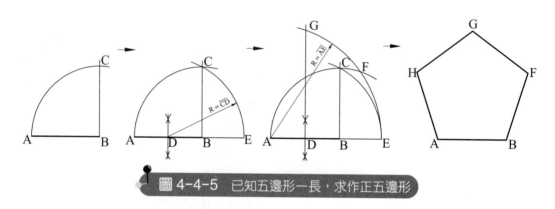

圖 4-4-5 已知五邊形一長，求作正五邊形

6.已知外接圓，求作正六邊形

(1)用分規量取外徑圓之半徑 R，並依次將圓周六等分。

(2)連接各點分點即得正六邊形，如圖 4-4-6 所示。

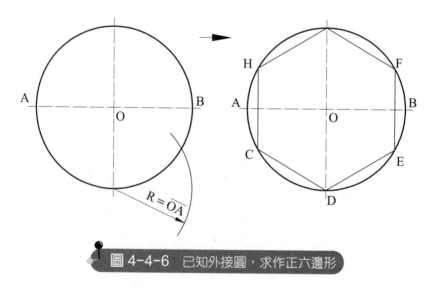

圖 4-4-6 已知外接圓，求作正六邊形

7.已知內切圓，求作正六邊形

(1)作圖之左右兩條垂直切線分別通過 A、B 兩點。

(2)置 30°×60° 之三角板於丁字尺或平行尺上，移動三角板之斜邊作圖的切線，相

交得線段 CE、EF、DG、GH、CH，即得正六邊形，如圖 4-4-7 所示。

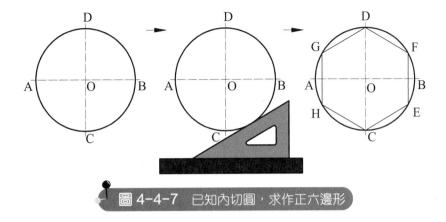

圖 4-4-7　已知內切圓，求作正六邊形

8.已知七邊形一邊邊長，求作正七邊形

(1)以 A 為圓心，AB 長為半徑畫半圓得 M 點。

(2)用分規將半圓周七等分，得 1 至 6 各分點。

(3)連 A2，得其另一邊。

(4)連 A3、A4、A5、A6，並延長之。

(5)分別以 B 及 2 為圓心，AB 長為半徑，畫圓弧交 A4 於 E、A5 於 D。

(6)連 2F、FE、ED 及 DC 即得正七邊形，如圖 4-4-8 所示。

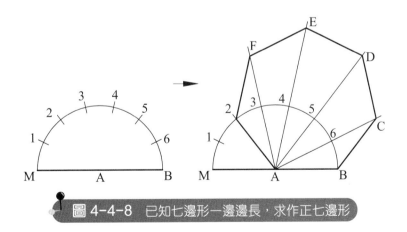

圖 4-4-8　已知七邊形一邊邊長，求作正七邊形

4-5 圓與圓弧圖

1. 自圓上畫一點，求作圓之切線

設點為已知圓 O 上一點，求通過 P 點作圓 O 之切線，如圖 4-5-1 所示。

(1)利用三角板，使三角板之直角邊通過圓心 O 與 P 點。

(2)將丁字尺緊靠於三角板下，且按住丁字尺勿使其移動。

(3)滑動三角板，使三角板另一股恰好通過 P 點，沿此股畫線，則此線即為通過 P 點之切線。

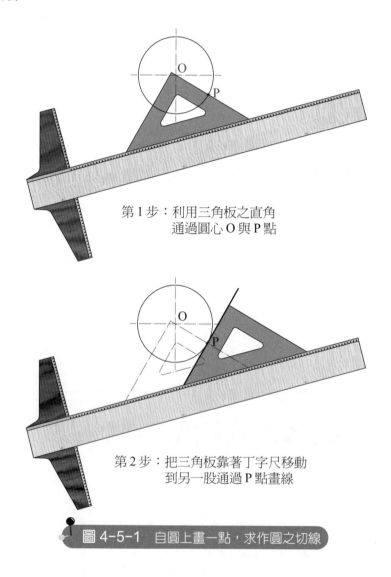

第 1 步：利用三角板之直角
通過圓心 O 與 P 點

第 2 步：把三角板靠著丁字尺移動
到另一股通過 P 點畫線

圖 4-5-1　自圓上畫一點，求作圓之切線

2.自圓外一點，求作圓之切線

已知圓 O 外一點，求通過 P 點，作圓 O 之切線，如圖 4–5–2 所示。

⑴利用三角板，使三角板之直角邊通過 P 點，且與圓相切。

⑵將丁字尺靠緊於三角板下，且按住丁字尺勿使其移動。

⑶滑動三角板，使三角板另一股恰好通過圓心 O 點，沿此股畫線，與圓相交於 T 點，則 T 即為切點。

⑷連接 PT 長即為所求之切線。

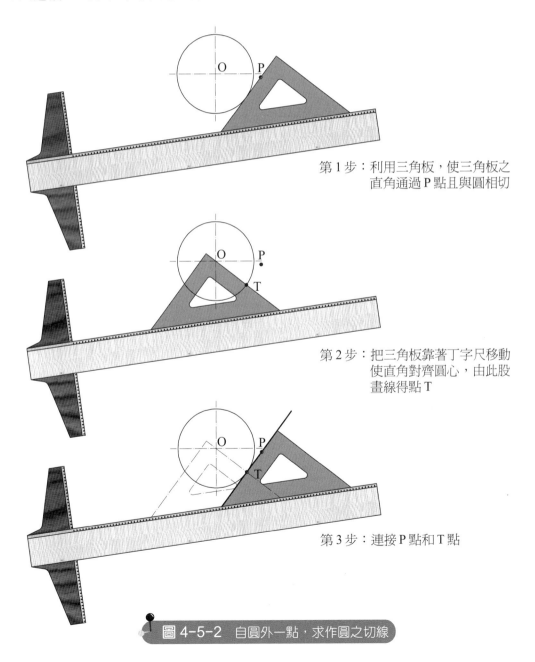

第 1 步：利用三角板，使三角板之
直角通過 P 點且與圓相切

第 2 步：把三角板靠著丁字尺移動
使直角對齊圓心，由此股
畫線得點 T

第 3 步：連接 P 點和 T 點

圖 4-5-2　自圓外一點，求作圓之切線

3. 畫已知半徑之圓弧切於互相垂直之兩直線

已知兩直線 AB、AC 互相垂直交於 A 點，已知圓弧半徑 R，畫此圓弧相切於兩直線，如圖 4–5–3 所示。

⑴以 A 為圓心，以已知半徑 R 畫弧，相交於線段 AB、AC 於 D、E 兩點，則 D、E 兩點即為切點。

⑵分別以 D、E 兩點為圓心，R 為半徑畫弧相切交於 O 點。

⑶以 O 點為圓心畫弧，則所繪之 DE 弧即為所求。

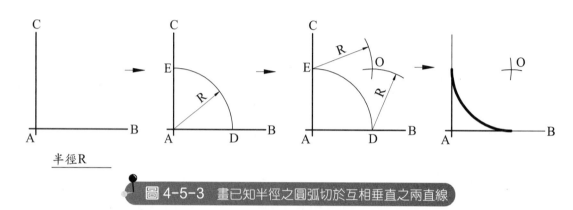

半徑R

圖 4-5-3　畫已知半徑之圓弧切於互相垂直之兩直線

4. 畫已知半徑之圓弧切於成銳角或鈍角之兩直線

已知兩直線 AB、AC 互相交於 A 點，圓弧半徑為 R，畫此圓弧相切於兩直線，如圖 4–5–4 及圖 4–5–5 所示。

⑴各在直線 AB 和 AC 適當位置上任取一點，已知半徑 R 畫弧。

⑵分別作畫圓弧之切線，並分別平行於直線 AB 和 AC，相交於 O 點。

⑶以 O 作為兩已知直線之垂線，得 T1、T2 兩點，此兩點即為相切點。

⑷以 O 為圓心，R 為半徑畫弧，則畫出之弧即為所求。

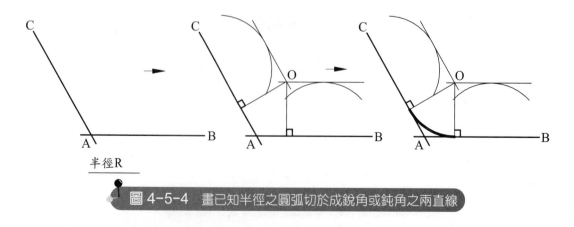

半徑R

圖 4-5-4　畫已知半徑之圓弧切於成銳角或鈍角之兩直線

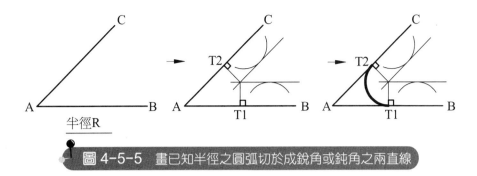

圖 4-5-5　畫已知半徑之圓弧切於成銳角或鈍角之兩直線

5.畫已知半徑之圓弧由外側切於兩相離之兩圓弧

設已知兩圓弧 O1、O2，其半徑為 O1A、O2B，及已知圓弧半徑 R，畫此圓弧相切於兩已知圓弧，如圖 4-5-6 所示。

⑴各以 O1、O2 為圓心，以 (O1A＋R)、(O2B＋R) 的長為半徑，畫兩圓弧交於 O
　點，則 O 點即為欲畫相切圓弧之圓心。

⑵連接 O1O、O2O，與圓弧相交得 T1、T2 兩點，則 T1、T2 兩點即為切點。

⑶以 O 點為圓心畫弧，R 為半徑，則所畫之圓弧即為所求。

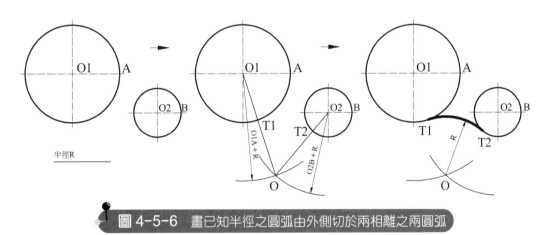

圖 4-5-6　畫已知半徑之圓弧由外側切於兩相離之兩圓弧

6.畫已知半徑之圓弧由內側切於兩相離之兩圓弧

設已知兩圓弧 O1、O2，其半徑為 O1A、O2B，及已知圓弧半徑 R，畫此圓弧相切於兩已知圓弧，如圖 4-5-7 所示。

⑴各以 O1、O2 為圓心，以 (R－O1A)、(R－O2B) 的長為半徑，畫兩圓弧交於 O
　點，則 O 點即為欲畫相切圓弧之圓心。

⑵連接 O1O、O2O 並延長之，與圓弧相交得 T1、T2 兩點，則 T1、T2 兩點即為
　切點。

(3)以 O 點為圓心畫弧，R 為半徑，則所畫之圓弧即為所求。

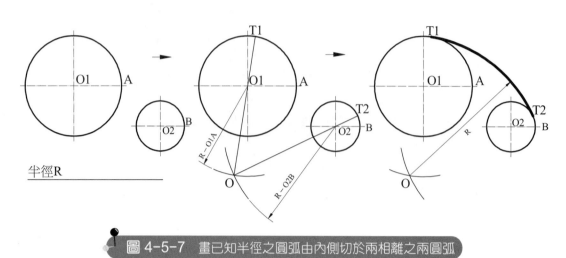

圖 4-5-7　畫已知半徑之圓弧由內側切於兩相離之兩圓弧

7.畫四心近似橢圓

　　設已知矩形 ABCD（或橢圓之長軸與短軸），畫內切於此矩形之四心近似橢圓，如圖 4-5-8 所示。

(1)畫矩形相鄰兩邊之垂直二等分線 EG 和 FH，相交於 O，並延長 FH。

(2)連 EF，以 O 為圓心，EO 為半徑畫圓弧，交 FH 之延長線於 K。

(3)以 F 為圓心，FK 為半徑畫圓弧，交 EF 於 L。

(4)作 EL 之垂直二等分線，交 EO 於 P，並交 FH 之延長線於 Q。

(5)在 GO 上取 RO＝PO，在 FO 之延長線上取 SO＝QO。

(6)連 PS、SR、RQ。

(7)分別以 S、Q 為圓心，QF 為半徑，以直線 PS、SR 及 QP、RQ 為界，畫圓弧。

(8)分別以 P、R 為圓心，PE 為半徑，以直線 PS、QP 及 SR、RQ 為界，畫圓弧即
　　得。

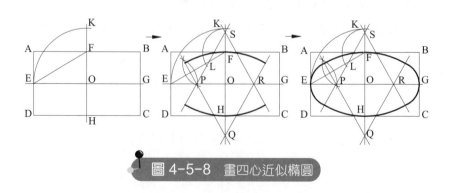

圖 4-5-8　畫四心近似橢圓

8.畫內切於菱形之四心近似橢圓

設已知菱形 ABCD，畫內切於此菱形之四心近似橢圓，如圖 4–5–9 及圖 4–5–10 所示。

(1)畫菱形各邊的垂直二等分線，得菱形各邊的二等分點 E、F、G、H。

(2)分別以垂直二等分線的交點 P 及 Q 為圓心，PE 長為半徑，畫圓弧 EH 和圓弧 PG。

(3)再以垂直二等分線的交點 R 及 S 為圓心，RH 長為半徑，畫圓弧 EF 和圓弧 HG 即得。

(4)若已知菱形為 60° 者，R、S 兩點必與菱形之二頂點 B、D 重合。若已知菱形小於 60° 者，則 R、S 兩點必在菱形之外。若已知菱形大於 60° 者，則 R、S 兩點必在菱形之內，如圖 4–5–9 及圖 4–5–10 所示。

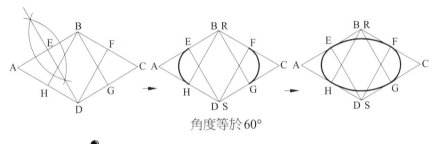

角度等於60°

圖 4-5-9　畫內切於菱形之四心近似橢圓

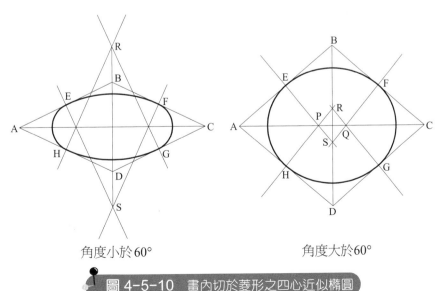

角度小於60°　　　　　　　角度大於60°

圖 4-5-10　畫內切於菱形之四心近似橢圓

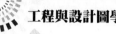

4-6 圓錐曲面

圓錐曲線或割錐線

⑴一平面以不同之角度切割一直立圓錐，其切割後之截面所形成之四種曲線。

⑵五種交線，依據切割的角度不同，為圓錐曲線或割錐線，如圖 4-6-1 所示。

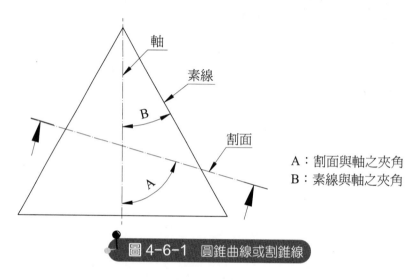

A：割面與軸之夾角
B：素線與軸之夾角

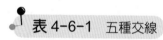

圖 4-6-1　圓錐曲線或割錐線

⑶五種交線（四種圓錐曲面和平面曲線），如表 4-6-1 所示。

表 4-6-1　五種交線

截面所形成之曲線	圖　示		平面切割直立圓錐之狀況
正圓			切割平面垂直於軸時
橢圓			切割平面與軸之夾角大於軸與素線之夾角
雙曲面			切割面與軸之夾角小於軸與素線之夾角或 切平面與軸平行或 切割面與底圓垂直

拋物線	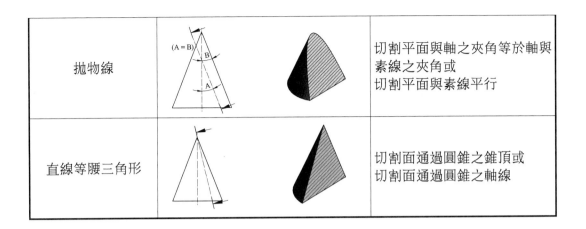	切割平面與軸之夾角等於軸與素線之夾角或 切割平面與素線平行
直線等腰三角形		切割面通過圓錐之錐頂或 切割面通過圓錐之軸線

4－7 本章與 AutoCAD 關聯示範說明

1.物件鎖點

(1)當繪圖時，要鎖定線的中點、端點……等時，可以藉由「物件鎖點」的功能。

(2)物件鎖點功能設定：

　①從狀態列區，在物件鎖點上方，滑鼠右鍵→設定。

　②常用工具列，滑鼠右鍵→物件鎖點。

(3)將可勾選使用者繪圖所需的模式。

圖 4-7-1　物件鎖點功能設定

2.繪製多邊形

(1)繪製多邊形時，可利用功能捷徑 ⬠。

(2)可依所需的邊的數目而輸入，選取中心點，再依需求擇內切、外切，再輸入圓
半徑即完成。

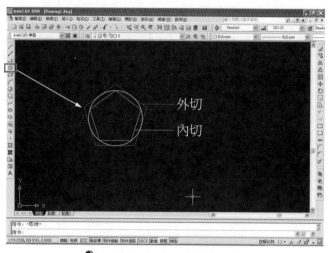

圖 4-7-2　繪製多邊形

(3)當直接用①矩形指令繪製，由②圖發現是一體的。

(4)如只要改善其一邊的話是沒辦法的，此時需要用到③「炸開」指令，分解之後
　　就會變成④。

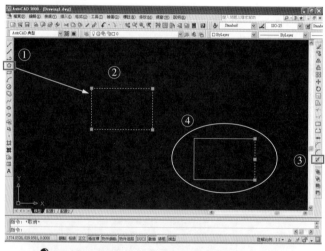

圖 4-7-3　利用炸開指令來分解多邊形

━━━━━━━━━━━━━━━━━━━━ 習　題 ━━━━━━━━━━━━━━━━━━━━

PART A：依圖尺寸畫出下列各圖

1.

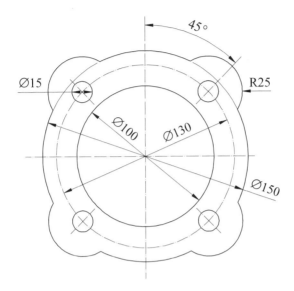

2.

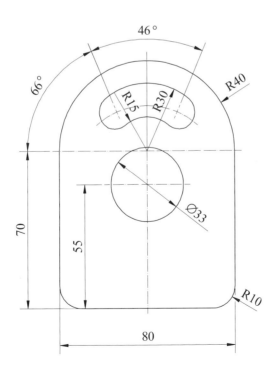

3.

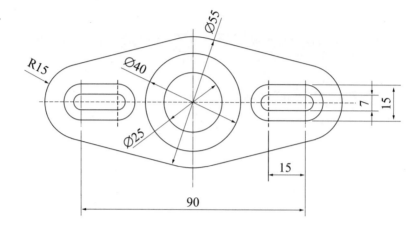

4.

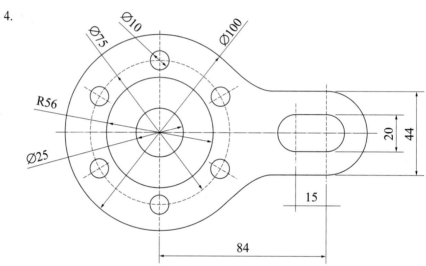

5.

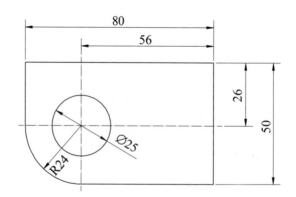

6.

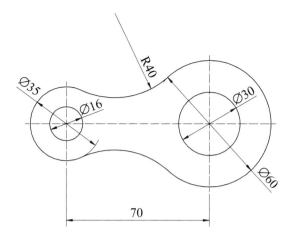

7.

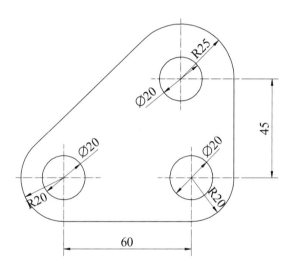

8.

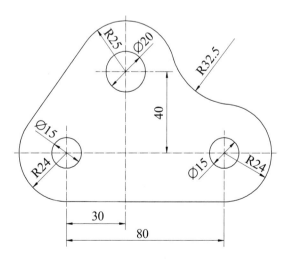

9.

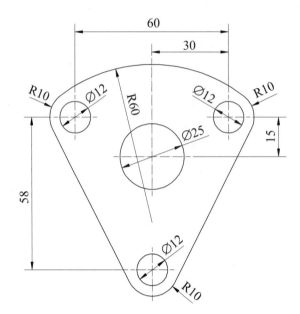

10.

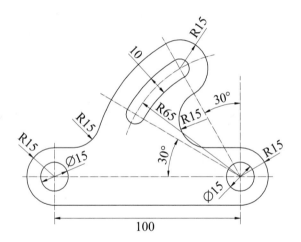

11.

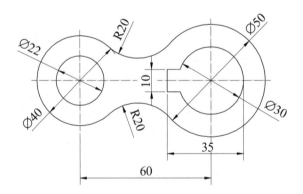

12.

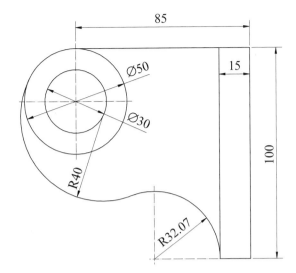

13.

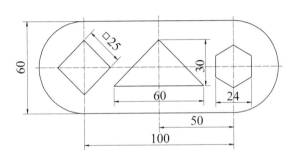

14.

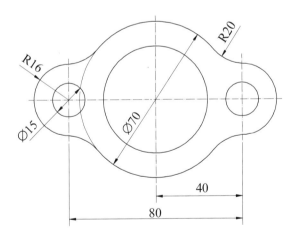

15.

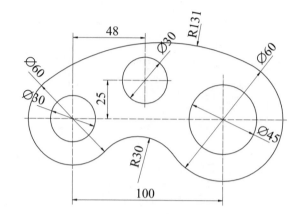

16.

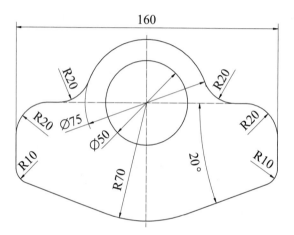

17.

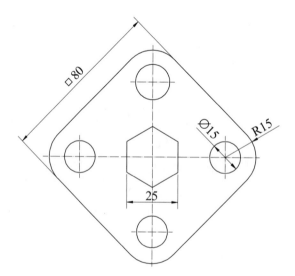

18.

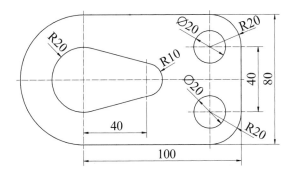

19.

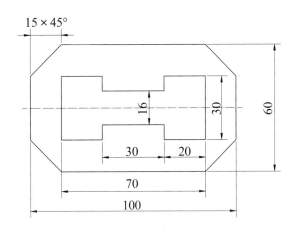

20.

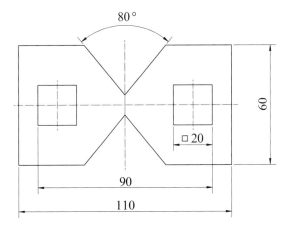

21.

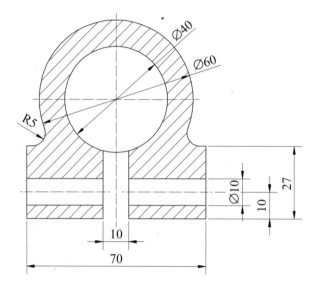

22.

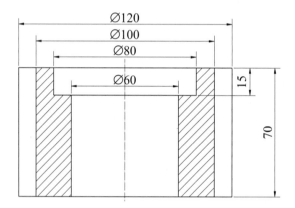

23.

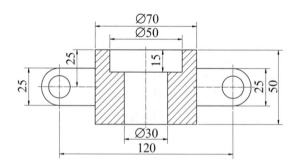

24.

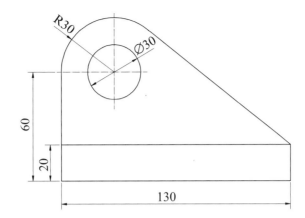

25.

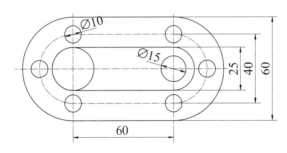

26.

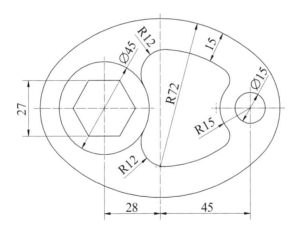

PART B

1. 試述二等分一線段或圓弧的畫法。

2. 試述二等分一角的畫法。

3. 試述繪製平行線要點。

4. 試述繪製垂直線要點。

5. 已知外接圓，求作正五邊形。

6. 已知五邊形一邊長，求作正五邊形。

7. 已知外接圓，求作正六邊形。

8. 已知內切圓，求作正六邊形。

9. 自圓上畫一點，求作圓之切線。

10. 自圓外一點，求作圓之切線。

11. 試述圓錐曲線或割錐線。

12. 試述五種圓錐曲面和平面曲線。

觀念評量

（　）1.一直線與圓相切於一點，此點與圓心之連線與該直線的夾角為

(A) 45°　(B) 60°　(C) 90°　(D) 120°。

（　）2. n 多邊形之內角和為

(A) $(n + 2) \times 180°$　(B) $(n - 2) \times 180°$　(C) $(n + 2) \times 90°$　(D) $(n - 2) \times 90°$。

（　）3.下列何者不是複曲面？

(A)橢圓面　(B)環面　(C)翹曲面　(D)拋物面。

（　）4.正六邊形內角和等於

(A) 540°　(B) 720°　(C) 780°　(D) 680°。

（　）5.正五角形的每一個內角的角度為何？

(A) 72°　(B) 108°　(C) 60°　(D) 120°。

（　）6.一正多邊形，若其內接圓的半徑與邊長相等時，則此正多邊形的邊數為多少？

(A) 4　(B) 6　(C) 8　(D) 12。

（　）7.下列何種作圖問題無法單憑無刻畫三角板及圓規繪出？（不得使用試誤法）
(A)已知圓內接正八邊形　(B)已知圓外切正三角形　(C)任意線段五等分　(D)邊長 2 cm 之正六角形。

（　）8.正四面體的四個面為正三角形；正六面體的六個面為正四角形；那麼正八面體的八個面為

(A)正三邊形　(B)正四邊形　(C)正五邊形　(D)正六邊形。

（　）9.有關應用幾何作圖，下列敘述何者錯誤？
(A)二圓互相內切，則連心線長度等於兩半徑之差　(B)二圓弧相切，其切點必位於此二圓弧的連心線上　(C)通過在一直線上的三點，可作一圓弧　(D)漸開線及阿基米德蝸（螺旋）線是平面曲線，而柱面螺旋線是空間曲線。

（　）10.有關應用幾何作圖，下列敘述何者錯誤？
(A)正五邊形每一內角為 108°　(B)六邊形的內角和為 720°　(C)任意長度之三邊均可作一個三角形　(D)兩圓相互外切，連心線長等於兩半徑和。

（　）11. 下列敘述何者錯誤？

　　　　(A)兩圓弧相切，其切點必位於連接兩圓心之線上　(B)在圓周上一點可作無限多條切線　(C)在圓外一點可對圓繪製兩條切線　(D)不是同在一直線上的三點可作一圓。

（　）12. 切割直立圓錐可得幾種不同的幾何圖形？

　　　　(A)五種　(B)四種　(C)三種　(D)二種。

（　）13. 用一平面，以不同之角度切一直立圓錐所得之曲線，下列何者為不可能？

　　　　(A)正圓　(B)擺線　(C)橢圓　(D)雙曲線。

（　）14. 用一平面切割一直立圓錐，若平面與錐軸之交角小於素線與錐軸之交角時，則所割得之形狀為

　　　　(A)圓　(B)橢圓　(C)拋物線　(D)雙曲線。

（　）15. 用一平面切割一直立圓錐，圓錐被平行於中心線的平面所截，則所截得之圖形為

　　　　(A)雙曲線　(B)拋物線　(C)橢圓　(D)圓。

（　）16. 用一平面切割一直立圓錐，若平面與錐軸之交角等於素線與錐軸之交角時，則所割得之形狀為

　　　　(A)圓　(B)橢圓　(C)拋物線　(D)雙曲線。

（　）17. 以一平面切割一直立之圓錐，若平面與圓錐軸之夾角大於軸與素線之夾角，則截面所形成之曲線為

　　　　(A)正圓　(B)橢圓　(C)雙曲線　(D)拋物線　(E)等腰三角形。

（　）18. 一動點在一平面上運動，此動點與定點（焦點）間之距離，恆等於動點至一直線（準線）之相隔距離，此動點所成之軌跡謂之

　　　　(A)雙曲線　(B)漸開線　(C)拋物線　(D)擺線。

（　）19. 移動一點而成平面曲線，若此點與兩定點間之距離之和為一常數，則此平面曲線為

　　　　(A)橢圓　(B)雙曲線　(C)圓　(D)拋物線　(E)不規則圓。

（　）20. 移動一點而成平面曲線，若此點與兩定點間之距離之差為一常數，則此平面曲線為

　　　　(A)橢圓　(B)雙曲線　(C)圓　(D)拋物線　(E)不規則圓。

基本投影學

5−1 投影原理

1.投影幾何

⑴投影幾何：係利用投影原理研討點、線、面、體在空間內之位置、構造、大小及相對比例等等，而表現於平面上的一種科學。

⑵投影幾何目的：訓練學者對三度空間的能力，化立體為平面及化平面為立體，以傳遞各種幾何形體之構想。

2.投影與視圖

⑴投影：以一假想透明平面，置於物體與觀察者之間或置於物體之後，以一定之規則，將物體之外部及內部形狀，表現於一平面上。

⑵視圖：投影後再用線條描繪成平面圖形為視圖 (View)。

3.投影的分類

⑴平行投影：乃假設觀察者站立在無窮遠處觀察物體，且其投影線相互平行，又分：

①正投影：投影線均垂直於投影面。

②斜投影：投影線與投影面非為直角。

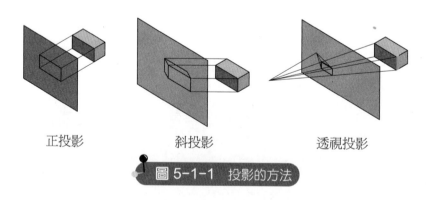

正投影　　　　　斜投影　　　　　透視投影

圖 5-1-1　投影的方法

⑵透視投影：乃觀察者在有限之距離內觀察物體，其投影線集中於一點 (視點)，又分：

①一點透視圖：有一點消失點在視平線上所作之透視投影，又稱平行透視。

②兩點透視圖：有兩消失點在視平線上所作之透視投影，又稱成角透視。

③三點透視圖：有三消失點在視平線上所作之透視投影，又稱傾斜透視。

5－2 空間座標

一、投影之名詞釋義

1.視點

(1)意義：觀察者眼睛所在之點。

(2)性質：

　①正投影時，視點可考慮置於距物體無窮遠處。

　②透視投影時，視點係置於距物體固定之距離。

2.視線

(1)意義：即視點與物體上各點相連接之線。

(2)性質：

　①在正投影中，視線是相互平行且垂直於投影面。

　②在透視圖中，視線係相交於一點（視點）。

3.投影面

(1)意義：投影所在之平面。又稱「畫面」或「座標面」。

(2)分類：投影面可分為：

　①水平投影面 (HP)：在空間中，位於水平方向之平面。

　②直立投影面 (VP)：在空間中，位於垂直方向之平面。

　③側立投影面 (PP)：在空間中，同時垂直於水平投影面與直立投影面之平面。

4.投影線

(1)意義：表達物體與投影間關係之線條。

(2)分類：可分為兩種：

　①空間投影線：從點或物體到投影面的距離線。

　②畫面投影線：空間投影線在投影面上的投影。

　註：a.一般稱投影線，指的是畫面投影線，通常以細實線繪製。

　　　b.通常為區分起見，稱畫面投影線為投影線，而稱空間投影線為投射線。

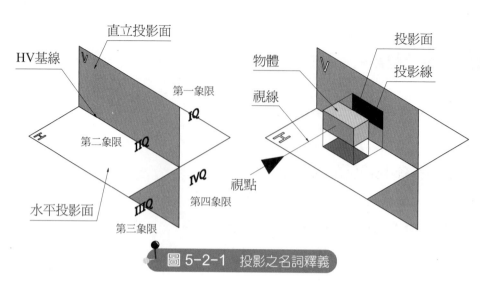

圖 5-2-1 投影之名詞釋義

5.基線

(1)意義：投影面與投影面相交所得之交切直線，如圖 5-2-2 所示。

(2)分類：分為主基線與副基線兩種：

  ①主基線：直立投影面 (VP) 與水平投影面 (HP) 之交線，簡稱「基線」，以 "GL" 表示之。

  ②副基線：側投影面 (PP) 與水平投影面 (HP) 之交線，以及側投影面 (PP) 與直立投影面之交線，均稱為副基線，分別以 "G_1L_1" 及 "G_2L_2" 表示之。

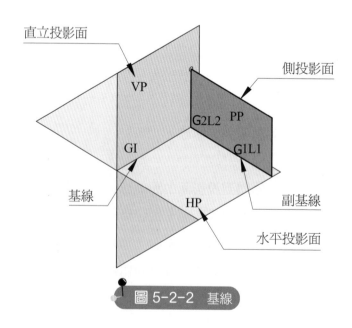

圖 5-2-2 基線

6. 象限 (Quadrant)

⑴意義：水平投影面 (HP) 與直立投影面 (VP) 垂直相交，分空間為四等分，每一

等分謂之一個象限，如圖 5-2-3 所示。

⑵分類：四個象限定名如下：

①第一象限 (IQ)：在 HP 之上，VP 之前。

②第二象限 (IIQ)：在 HP 之上，VP 之後。

③第三象限 (IIIQ)：在 HP 之下，VP 之後。

④第四象限 (IVQ)：在 HP 之下，VP 之前。

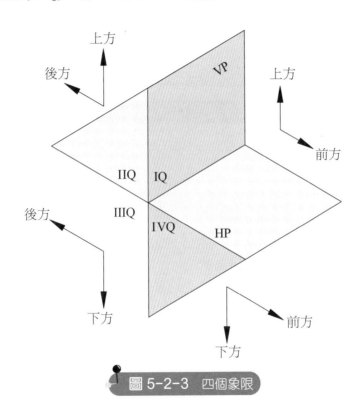

圖 5-2-3　四個象限

二、投影面的迴轉

1. 投影面的迴轉目的

在一張圖紙上表示出兩個互相垂直投影面上的投影，必須透過投影面之迴轉把

兩個互相垂直的投影面變成一個平面。

2. 投影面的迴轉方法

保留直立投影面 (VP) 不動，以基線為軸，將水平投影面 (HP) 依順時針方向迴

轉 90° 使與直立投影面展現於同一平面上，如圖 5-2-4 所示。

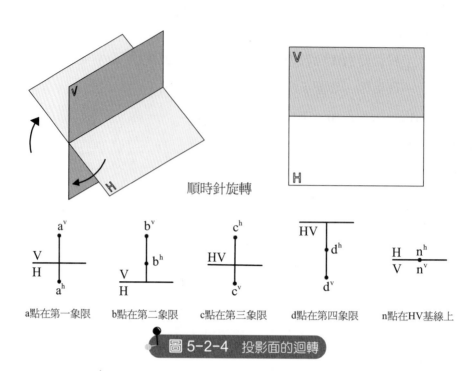

順時針旋轉

a點在第一象限 　　 b點在第二象限 　　 c點在第三象限 　　 d點在第四象限 　　 n點在HV基線上

圖 5-2-4　投影面的迴轉

5-3 點之投影

1.點的投影法

點的投影，在任何投影面上仍為點。

2.點的投影表示法

如圖 5-3-1 所示。

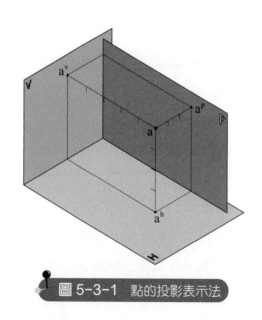

圖 5-3-1　點的投影表示法

⑴ a 點在水平投影面 (H) 上之投影以 a^h 表示。

⑵ a 點在直立投影面 (V) 上之投影以 a^v 表示。

⑶ a 點在側立投影面 (P) 上之投影以 a^p 表示。

3.點在各象限之投影

如圖 5-3-2 所示。

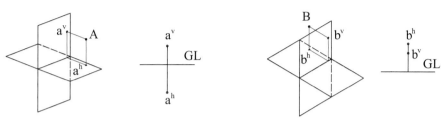

第一象限：V 在上，H 在下　　　　　　第二象限：V、H 皆在上

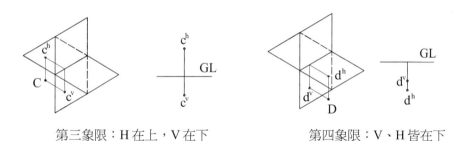

第三象限：H 在上，V 在下　　　　　　第四象限：V、H 皆在下

圖 5-3-2 點在各象限之投影

4.點之投影注意事項

⑴定點的兩投影，必在和基線垂直的一直線上。

⑵空間的一定點，到平畫面的距離，與同點的立畫面，投影到基線的距離相等；到立畫面的距離，與同點的平畫面投影到基線的距離相等。

⑶一點得代表平畫面立畫面兩投影時，則此點必在基線上。

5-4 線之投影

1.直線的投影法

(1)直線的投影一般仍為直線。

(2)兩相交直線的相當投影，仍必相交。

(3)一直線平行於投影面時，此直線在該投影面之正投影為實長。

(4)兩互相平行直線的相當投影，一般情況仍必平行。

(5)當直線垂直於某一投影面時，則在該投影面上之投影為一點，此點稱為該直線之端視圖。

2.直線可能通過的象限

(1)無限長之直線，平行於 GL 時，僅可通過一個象限。

(2)直線平行於 HP 或 VP，或穿過 GL 時，可通過兩個象限。

(3)無限長之任意直線不平行於任何投影面，可通過三個象限。

(4)任意直線，可通過一個、兩個或三個象限，最多只能通過三個象限。

3.直線的種類

(1)正垂線：當一直線平行於任正兩投影面，而垂直於另一投影平面者，謂之正垂直線。正垂線與任一投影面垂直的直線，其投影在同投影面上為一點(端視圖)，在他投影面上為垂直於基線的直線，而其長等於定直線的實長，如圖 5-4-1 所示。

(2)單斜線：當一直線與一投影面平行，而與其餘兩投影面傾斜時，謂之單斜線。單斜線與一投影面平行，他投影面傾斜之直線的投影，在平行的畫面為等於定直線實長，如圖 5-4-2 所示。

(3)複斜線：當一直線不平行於任何投影面時，謂之複斜線。複斜線任意斜線的投影長均比定直線的實長短，如圖 5-4-3 所示。

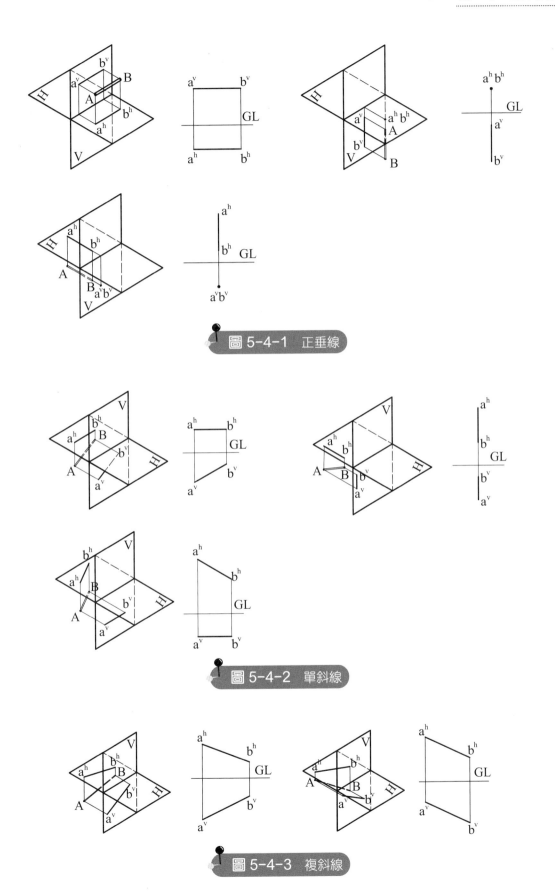

圖 5-4-1　正垂線

圖 5-4-2　單斜線

圖 5-4-3　複斜線

5-5 面之投影

1.平面的決定

(1)不在同一直線上之三點,可決定一平面。

(2)一直線和線外一點,可決定一平面。

(3)兩相交直線,可決定一平面。

(4)兩平行直線,可決定一平面。

2.平面可通過之象限數

(1)至少通過兩個象限:

　①平面垂直於一投影面,而平行於另一投影面。

　②平面包含基線,垂直於側投影面。

(2)通過三個象限:平面平行於基線,垂直於側平面。

(3)通過四個象限:

　①任意位置,或垂直基線之平面,或通過基線,但不與其一致者。

　②在一般情況下,平面均通過四個象限。

3.平面的種類

(1)正垂面:若一平面平行於一投影面,且與另二投影面垂直者,謂之正垂面。正垂面此平面投影後,在與其平行之投影面上,顯示其真實形狀及大小。

(2)單斜面:若一平面傾斜於二投影面,而垂直於另一投影面者,謂之單斜面。單斜面在三投影面上之投影,會產生二平面,一斜線。該斜線為單斜面的邊視圖。

(3)複斜面:若一平面均傾斜於三投影面者,謂之複斜面。複斜面又稱歪面。該面在三投影面上之投影均變形且縮小,如圖 5-5-1 所示。

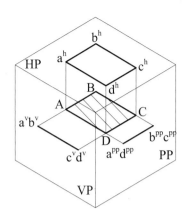
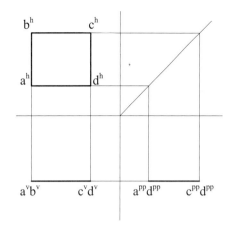

正垂面

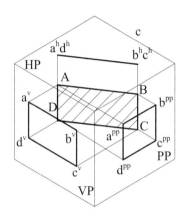
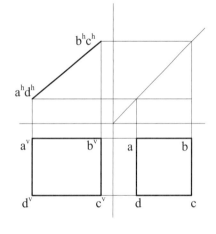

單斜面

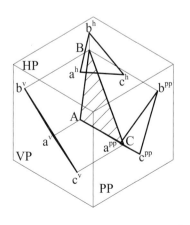
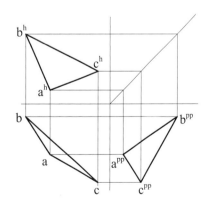

複斜面

圖 5-5-1　平面的種類

5-6 第一角投影與第三角投影圖法

1.第一角法

(1)凡將物體置於第一象限內，以「視點（觀察者）」→「物體」→「投影面」關係而投影視圖的畫法，即稱為第一角法，如圖 5-6-1 所示。

(2)第一角法亦稱第一象限法。

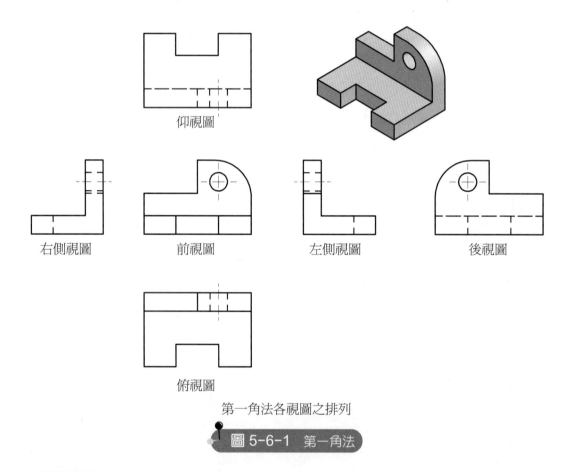

仰視圖

右側視圖　　　前視圖　　　左側視圖　　　後視圖

俯視圖

第一角法各視圖之排列

圖 5-6-1　第一角法

2.第三角法

(1)凡將物體置於第三象限內，以「視點（觀察者）」→「投影面」→「物體」關係而投影視圖的畫法，即稱為第三角法，如圖 5-6-2 所示。

(2)第三角法亦稱第三象限法。

註：製圖不採用第二角及第四角法來作為投影基本制度。

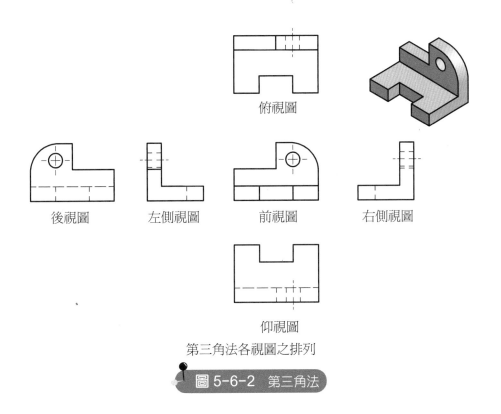

俯視圖

後視圖　　　左側視圖　　　前視圖　　　右側視圖

仰視圖

第三角法各視圖之排列

圖 5-6-2　第三角法

5-7 視圖之選擇

1.三視圖尺度

⑴前視圖：表示物體之寬度與高度。

⑵側視圖：表示物體之深度與高度。

⑶俯視圖：表示物體之寬度與深度。

2.常用三視圖

⑴一般的物體有六個面，而要描述物體之形狀並不需要完整投影出六個視圖。

⑵通常只選前視圖、俯視圖、右側視圖（或左側視圖）三個視圖即可，如圖 5-7-1
　　所示。

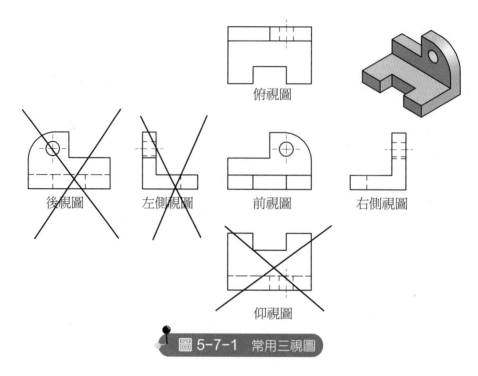

圖 5-7-1　常用三視圖

3.不一定用三視圖情形

⑴兩視圖表達：角柱、角錐、圓柱、圓錐等構造不甚複雜之物體或機件，通常可用兩視圖表達，如圖 5–7–2 所示。

⑵單視圖表達：薄板、實心圓球等形狀簡單之機件，可直接以單視圖（通常取前視圖），配合註解 t（厚度）、∅（直徑）即可，如圖 5–7–3 所示。

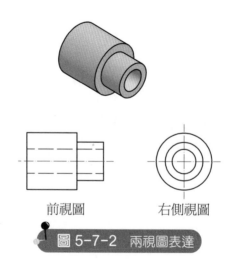

前視圖　　　　　右側視圖

圖 5-7-2　兩視圖表達

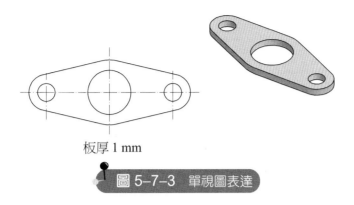

板厚 1 mm

圖 5-7-3　單視圖表達

4.視圖選擇之要領

⑴以能完整表達一物件的形狀特性而選用最少的視圖。

⑵選擇最能表達物件特徵之視圖為前視圖。

⑶選擇虛線最少，且最能表現物體特徵者為視圖，如圖 5-7-4 所示。

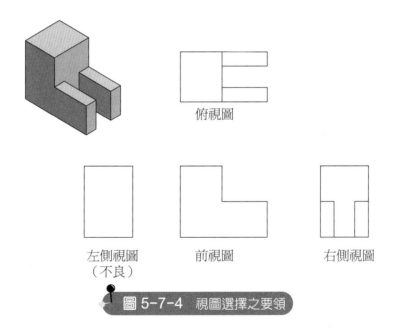

俯視圖

左側視圖
（不良）　　　前視圖　　　右側視圖

圖 5-7-4　視圖選擇之要領

5.符合機件製作加工程序之方位

如圖 5-7-5 所示。

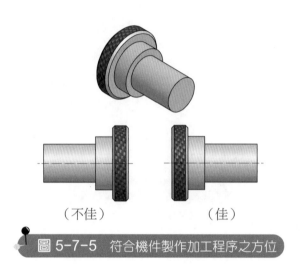

（不佳）　　　　　（佳）

圖 5-7-5　符合機件製作加工程序之方位

5-8 視圖之排列

1.視圖之排列

(1)視圖的排列有時必須根據視圖在圖紙上所佔空間是否適當而定。

(2)寬而扁平的物體，若將右側視圖置於前視圖的右側，將形成右上方圖紙空間的浪費，如圖 5-8-1(a)所示。

(3)為節省空間，可改變右側視圖的排列位置，如圖 5-8-1(b)所示。

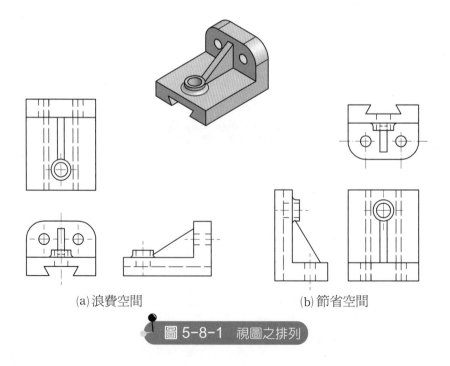

(a)浪費空間　　　　　　　(b)節省空間

圖 5-8-1　視圖之排列

2.視圖之排列特點

(1)但要注意視圖間之方位一定要正確才行。

(2)節省空間。

(3)上下左右對齊。

5-9 線條重疊時的優先次序

1.線條重疊的優先次序

(1)以表達可見之外形線為第一優先；表達隱藏內部之外形線者次之。

(2)中心線與割面線重疊時，應視何者較能使讀圖方便而定其先後。

(3)折斷線之位置選擇應盡量不與其他線段重疊為原則。

(4)尺度線與尺度界線不可與圖上之任何線段重疊。

(5)重疊之優先次序如下：遇粗細相同時以重要者為優先。

2.線條重疊的優先次序說明

如圖 5-9-1 所示。

實線 > 虛線 > 中心線 > 折斷線 > 尺度線 > 剖面線

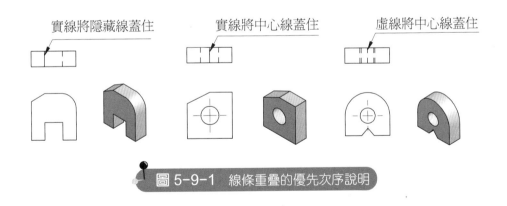

圖 5-9-1　線條重疊的優先次序說明

5-10 本章與 AutoCAD 關聯示範說明

1.線條之修減與延伸

(1)繪圖時，發生線條過長、過短的狀況時，不必重繪，可以使用 ⊬（修減）、⊬（延伸）的功能來進行修改。

⑵使用 ⊬（修減）→選取所修減的基準線，例如所要修減 b 線過長的部分時，先
　選取 a 線當修減的基準線選取完按空白鍵，此時會問所修減的物件，再選取 b
　線，這樣過長的部分就會修減完成。修減 a 線也是如此。

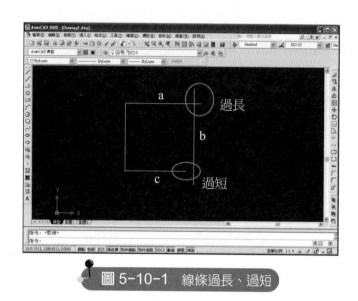

圖 5-10-1　線條過長、過短

⑶使用 ⊣（延伸）→選取所延伸的基準線，例如要延伸 c 線至 b 線時，先選取 b
　線當延伸基準線選取完成後按空白鍵，此時會問所延伸的物件，再選 c 線，這
　樣就會延伸至 b 線。

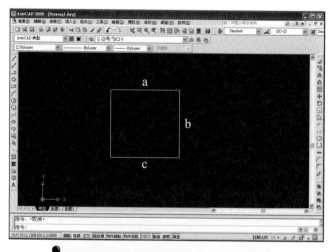

圖 5-10-2　完成線條的修減與延伸

2.陣列指令

⑴先繪製一個直徑 (D) 等於 10 的圓。

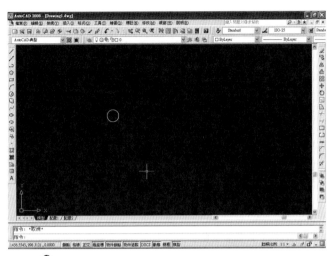

圖 5-10-3　繪製一個直徑等於 10 的圓

⑵再點取常用工具列中的「陣列」指令 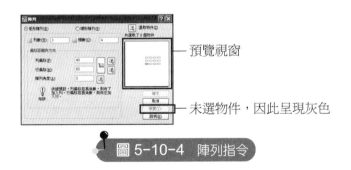，會出現下圖視窗，分別有矩形陣列、
　環形陣列二種型式，可以使用者所需而設定。在這裡介紹矩形陣列：有列、欄
　（行）的陣列數目、間距、角度可以設定，旁邊有有個小視窗可以看出陣列的
　型式（會依設定不同而所改變）。

預覽視窗

未選物件，因此呈現灰色

圖 5-10-4　陣列指令

(3)如果還覺得不夠清楚的話，可以先選取所要陣列的物件，再按預覽。

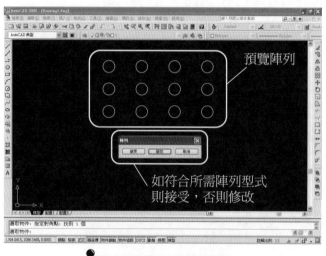

預覽陣列

如符合所需陣列型式
則接受，否則修改

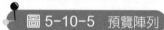

圖 5-10-5　預覽陣列

〰〰〰〰〰〰〰〰〰〰〰〰〰〰〰〰〰 **習　題** 〰〰〰〰〰〰〰〰〰〰〰〰〰〰〰〰〰

PART A：參考立體圖補繪所缺右側視圖（比例 1:1）

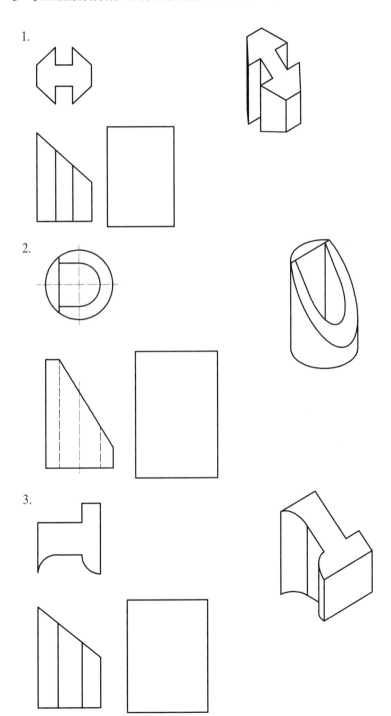

1.

2.

3.

4.

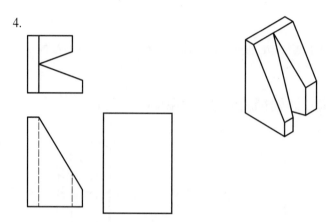

PART B：依下列各立體圖畫出三視圖（比例 1:1）

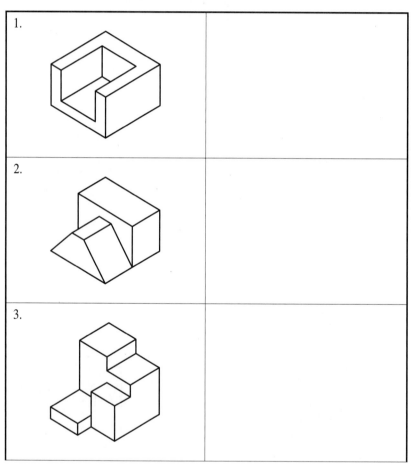

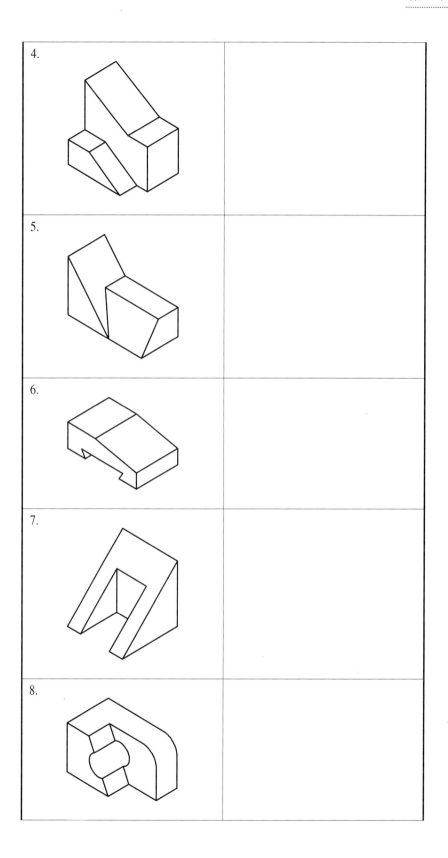

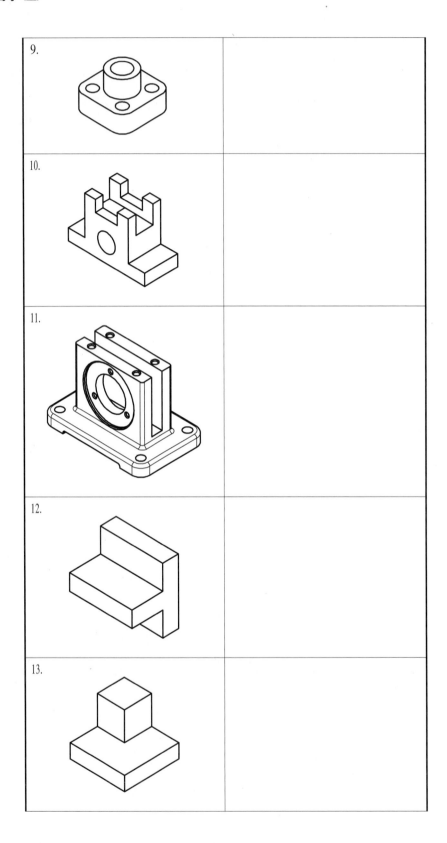

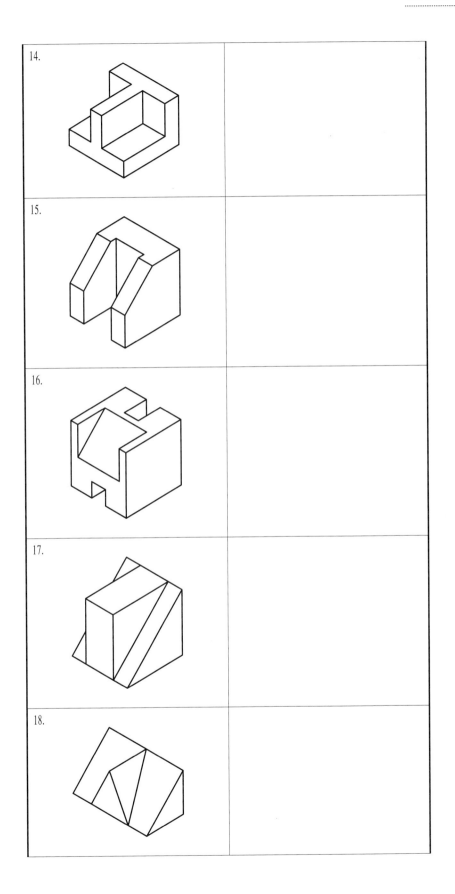

14.

15.

16.

17.

18.

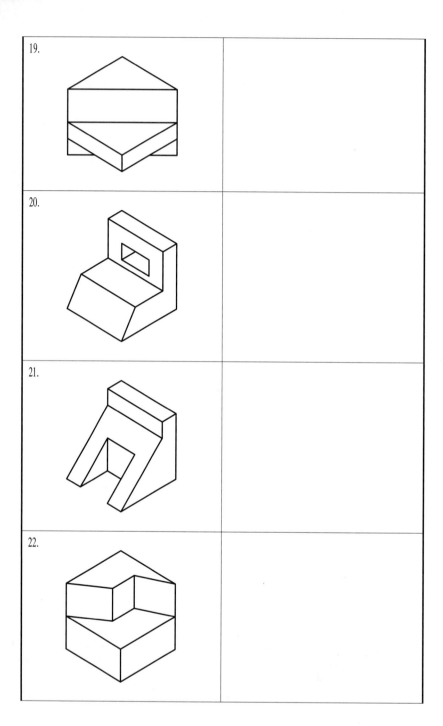

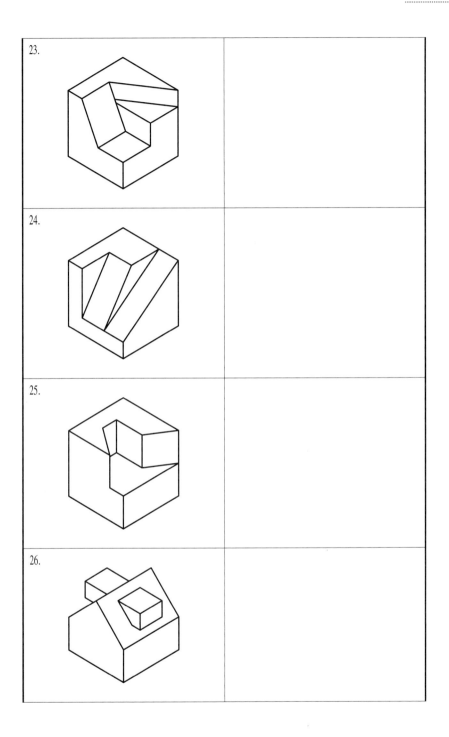

23.

24.

25.

26.

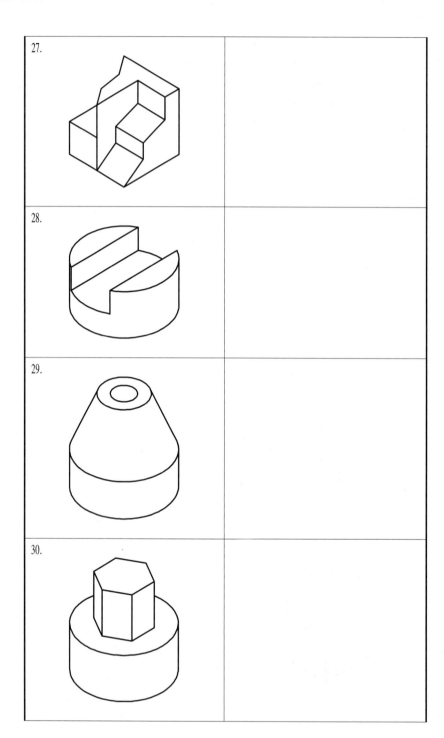

27.

28.

29.

30.

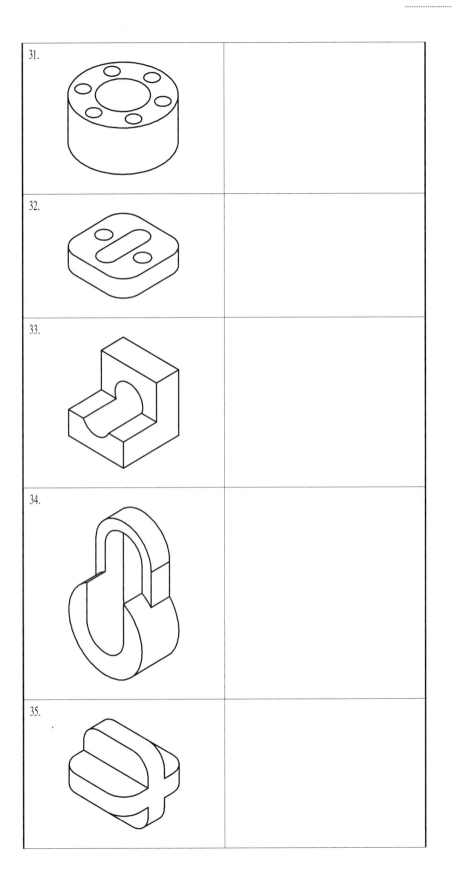

31.

32.

33.

34.

35.

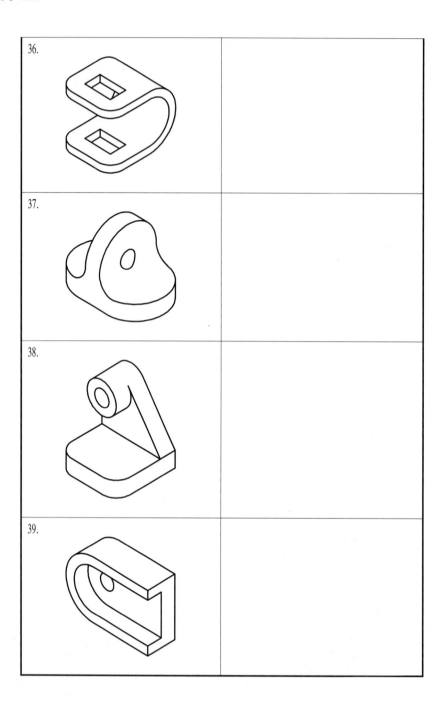

36.

37.

38.

39.

PART C

1. 何謂投影幾何？其學習目的？

2. 試述投影的分類。

3. 何謂視點、視線、投影面、投影線、基線？

4. 試述投影面之分類。

5. 試述基線之分類。

6. 試述象限 (Quadrant) 之意義及分類。

7. 試述投影面的迴轉目的及投影面的迴轉方法。

8. 試述點在各象限之投影。

9. 試述直線的種類。

10. 試述平面的種類。

11. 何謂第一角法？說明之。

12. 何謂第三角法？說明之。

13. 常用三視圖為何？

14. 試述視圖選擇之要領。

15. 試述視圖之排列要領。

16. 試述線條重疊的優先次序。

觀念評量

( ) 1. 如觀察者自物體前方無窮遠處以平行的投射線垂直視之，不論物體距投影面多遠，所得投影視圖的形狀及大小與物體完全不變時，此種投影方法稱為

(A)正投影　(B)透視投影　(C)等角投影　(D)斜投影。

( ) 2. 有關平行投影，下列敘述何者錯誤？

(A)立體正投影可以作等角投影及等斜投影　(B)作斜投影時，投影線不垂直投影面　(C)作正投影時，投影線永遠垂直於投影面　(D)投影線互相平行，且交於無窮遠。

( ) 3. 第一象限所在之位置為

(A)在 HP 之上，VP 之前　(B)在 HP 之上，VP 之後　(C)在 HP 之下，VP 之前　(D)在 HP 之下，VP 之後。

( ) 4. 有關投影圖學之名詞，下列敘述何者錯誤？

(A)基線為投影線與投影面成 90° 角時，所形成的線　(B)視點為視者眼睛所在的位置　(C)投影線為目標物上各點至投影面所作的垂線　(D)視線是視點與目標物上各點的連線。

( ) 5. 有一點之水平投影在基線之上方，直立投影在基線之上方，則此點位置是在

(A)第一象限　(B)第二象限　(C)第三象限　(D)第四象限。

( ) 6. 有關直線之投影，下列敘述何者錯誤？

(A)直線之投影在一般情況下仍為直線　(B)凡平行線之相當投影必互相平行　(C)凡相交線之相當投影必相交　(D)凡垂直線之相當投影必互相垂直。

( ) 7. 決定一平面之條件，下列敘述何者錯誤？

(A)不共線三點　(B)一直線和線外一點　(C)兩相交之直線　(D)任意兩直線。

( ) 8. 單斜面在主要三視圖中總共呈現

(A)一面二線　(B)二面一線　(C)三線　(D)三面。

( ) 9. 有關平面投影，下列敘述何者正確？

(A)平行水平投影面的正垂面，在其俯視圖上可呈現出邊視圖　(B)單斜面的

三個主要視圖：一個為縮小面，另外兩個各為一條直線　(C)不垂直於兩個主要投影面，亦不平行於另一個主要投影面的平面，不一定是複斜面　(D)複斜面可利用剖視圖的方法，求得其實際的形狀及尺度大小。

( )　10.當前視圖與俯視圖各均為一水平直線時，其左側視圖應為
　　　(A)一個點　(B)一條垂直線　(C)一條水平線　(D)一條 45° 斜線。

( )　11.若正投影視圖的前視圖為一傾斜線，俯視圖為一水平線段，則其右側視圖應為
　　　(A)一點　(B)垂直線　(C)水平線　(D)傾斜線。

( )　12.下列敘述何者正確？
　　　(A)第三角投影法係將右側視圖置於前視圖之左側　(B)斜投影之投影線與投影面不垂直，且投影線彼此不平行　(C)由等角投影所得之立體圖，其三軸互為 60°　(D)正投影之原理係假設視點位於無窮遠，且投影線均互相平行並垂直於投影面。

( )　13.三視圖中最常用的視圖是
　　　(A)前視圖、仰視圖、右側視圖　(B)前視圖、俯視圖、左俯視圖　(C)前視圖、仰視圖、左側視圖　(D)前視圖、俯視圖、右側視圖。

( )　14.視圖之敘述，下列敘述何者錯誤？
　　　(A)最能表現物體特徵的為上視圖　(B)選擇虛線最少又能表現物體特徵的為前視圖　(C)所繪視圖種類和數量應以足夠表現物體形狀即可　(D)三視圖排列一般以 L 字形或逆向 L 字形排列於圖紙上　(E)三視圖必須上下左右對齊。

( )　15.有關正投影，下列敘述何者錯誤？
　　　(A)第三角法中，物體放於第三象限內，並以視點→投影面→物體之關係投影視圖　(B)在中國國家標準中，第一角法或第三角法同等適用　(C)第一角法之投影符號為 ⊚ ⊏□　(D)俯視圖與仰視圖之長度大小應相同。

( )　16.依我國現行國家標準規定之機械製圖，下列敘述何者正確？
　　　(A)只採用第一角法　(B)只採用第三角法　(C)第一角法或第三角法同等適用，但不能使用於同一張圖上　(D)第一角法和第三角法同等適用，若用於同一張圖上時僅須註明清楚即可。

( )　17.有關第一角法與第三角法投影，下列敘述何者錯誤？

(A)第一角法與第三角法均屬透視投影　(B)第一角法為視線先投射到物體，再投射到投影面上　(C)第三角法為視線先投射到投影面，再投射到物體上　(D)一般工程製圖均採用第三角法。

( )　18.有關正投影製圖，下列敘述何者錯誤？

(A)正投影法的視圖原理，是一種透視消失點觀念　(B) CNS 規定以第一角投影與第三角投影為製圖標準投影法　(C)傾斜於三投影面，稱為複斜面，其在主要三視圖上均無法顯現出真實形狀　(D)正投影視圖中，若線條重疊，虛線優先於中心線。

( )　19.有關視圖，下列敘述何者錯誤？

(A)選擇虛線最少，且能表現物體特徵之視圖為前視圖　(B)選擇具最簡單特徵之視圖為前視圖　(C)三視圖中以前視圖最先繪製　(D)繪製物體所需之視圖數以足夠表現物體形狀即可。

( )　20.有關正投影與象限關係之敘述，下列何者錯誤？

(A)假設物體位於第一象限內投影，其物體與投影面的位置順序關係為：視點（觀察者）→物體→投影面　(B)比對某物體之第一象限、第三象限投影面的展開與六面視圖之排列，可發現除了前視圖（或稱正視圖）與後視圖的形狀及位置相同外，其餘各視圖之形狀相同但排列位置相反　(C)將物體置於第一象限內投影的視圖畫法稱為第一角法，其優點在於視圖之配置與實物展開之關係位置完全一致　(D)正投影視圖中，若線條重疊，虛線優先於中心線。

Chapter 6

剖視圖

6－1 剖視圖

1.剖視圖

(1)剖視圖目的：表達物體內部複雜情況，如圖 6-1-1 及圖 6-1-2 所示。

(2)剖視圖方法：對物體作假想剖切，以剖視表示之，可了解其內部複雜情況。

(3)剖視圖特性：內部複雜、虛線過多、假想剖切。

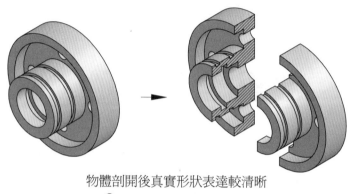

物體剖開後真實形狀表達較清晰

圖 6-1-1　剖視圖(一)

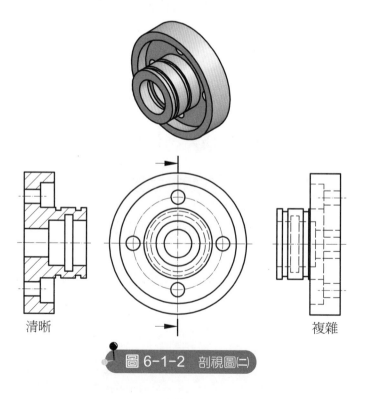

清晰　　　　　　　　　　　　複雜

圖 6-1-2　剖視圖(二)

2.割面線

(1)割面線用以表示割面之位置及視線之方向。

(2)割面線由細鏈線連始末兩端的粗實線與箭頭組合而成，割面線之兩端伸出視圖外側約 10 mm，如圖 6–1–3 所示。

(3)兩個以上的割面應以同一字母標示在箭頭外側，以區別不同之割面，書寫方向與尺寸數字之方向相同，如圖 6–1–3 所示。

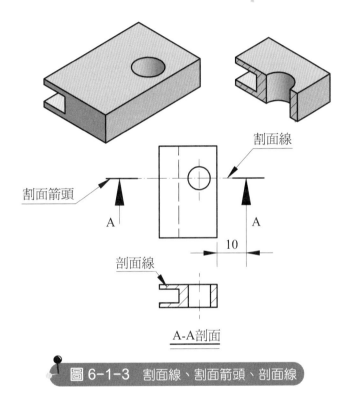

圖 6-1-3　割面線、割面箭頭、剖面線

3.割面線可轉折

割面線可以轉折，轉折處的大小約 5 mm，如圖 6–1–4 所示。

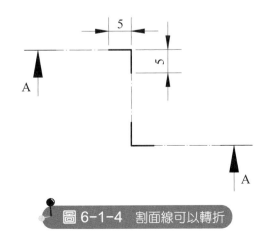

圖 6-1-4　割面線可以轉折

4.割面箭頭

其箭頭之大小形狀須依規定，如圖 6-1-5 所示。

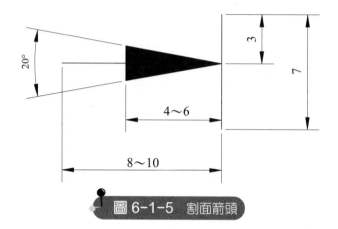

圖 6-1-5 割面箭頭

5.剖面及剖面線

⑴由假設的割面所切，露出的斷面稱為剖面，剖面線須以細實線畫出。該細實線稱為剖面線，剖面線一般而言為須與水平面成 45° 之等間隔平行線，間隔依剖面大小而定，一般介於 2 mm 至 4 mm 之間，如圖 6-1-6 所示。

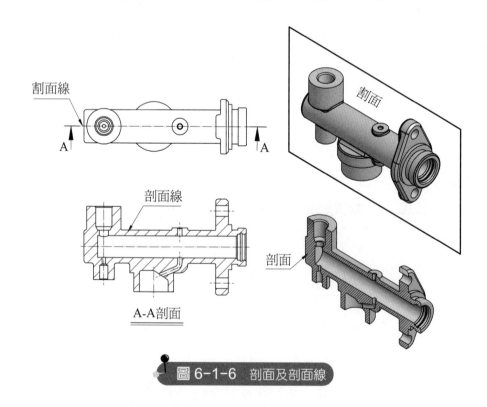

圖 6-1-6 剖面及剖面線

⑵同一物件被剖切後，其剖面線之方向與間隔須完全相同。

⑶組合狀態時之兩相鄰物件，其剖面線應採取不同的方向與間隔以便於區分，如
　圖 6–1–7 所示。

⑷一般而言剖面線間隔可相同，而方向需不相同。

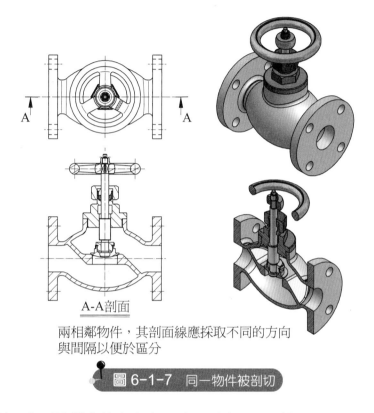

A-A剖面

兩相鄰物件，其剖面線應採取不同的方向
與間隔以便於區分

圖 6-1-7　同一物件被剖切

⑸大型物件，剖面線僅畫輪廓邊緣即可，如圖 6–1–8 所示。

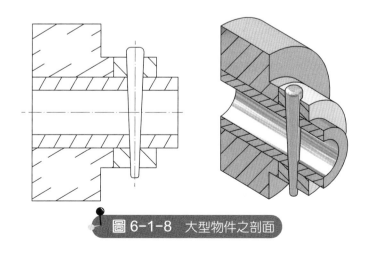

圖 6-1-8　大型物件之剖面

⑹薄片物件，剖面線可以不畫，改以塗墨方式，如圖 6–1–9 所示。

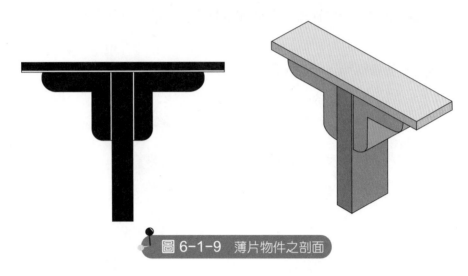

圖 6-1-9　薄片物件之剖面

⑺剖面線為了避免與輪廓線平行或垂直而造成混淆，可畫與水平成 30° 或 60°，如圖 6–1–10 所示。

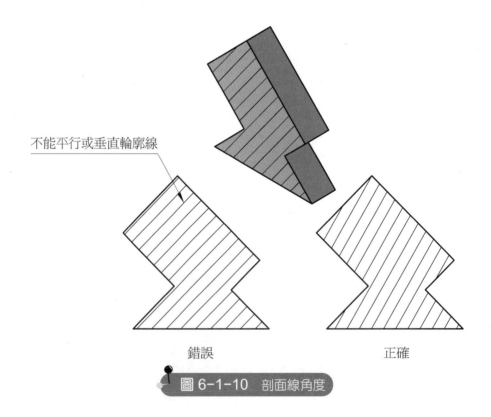

不能平行或垂直輪廓線

錯誤　　　　　　　　　正確

圖 6-1-10　剖面線角度

6−2 全剖視圖

1.全剖面

機件被一割面完全剖切者，稱為全剖面，如圖 6–2–1 所示。

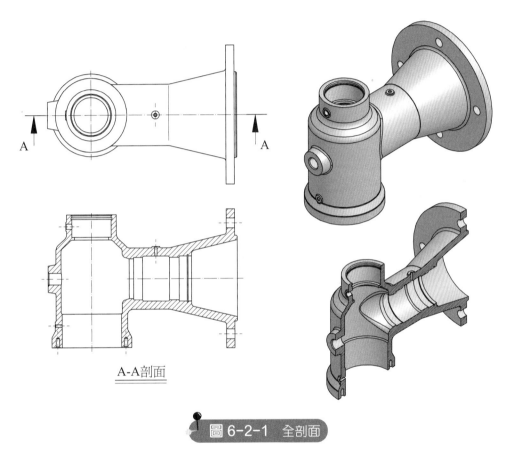

A-A剖面

圖 6-2-1　全剖面

2.全剖面注意事項

(1)全剖面又稱全剖視圖，為物件被一割面完全剖切者，切除二分之一。

(2)全剖面必要時，割面可轉折偏位剖切，但割面方向改變並不須在剖視圖內表示，如圖 6–2–2 所示。

(3)全剖面時，簡單對稱的機件，切割面位置很明顯或在對稱中心線時，可省略其割面線，如圖 6–2–2 所示。

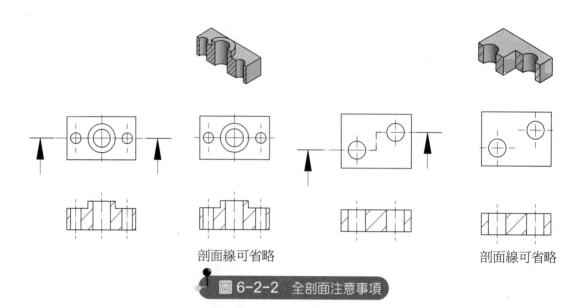

剖面線可省略　　　　　　　　　　　　　　剖面線可省略

圖 6-2-2　全剖面注意事項

　(4)圓形物件，作轉折剖切後，其剖面須轉正，使成同一平面，如圖 6-2-3 所示。

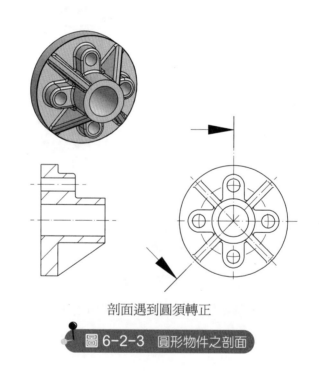

剖面遇到圓須轉正

圖 6-2-3　圓形物件之剖面

6-3 半剖視圖

1.半剖面視圖

(1)半剖面視圖為針對對稱型物件，可用割面沿中心線剖切，如圖 6–3–1 所示。

(2)半剖面視圖一半畫剖面以表達其內部形狀，另一半畫原有輪廓。

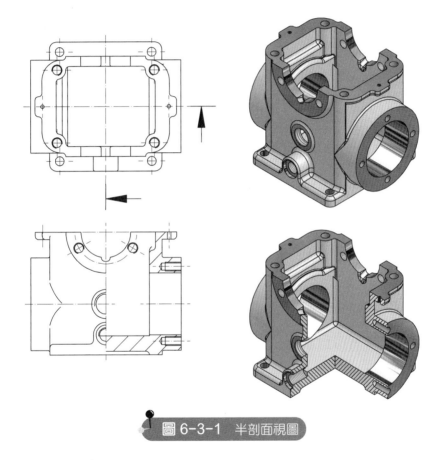

圖 6-3-1　半剖面視圖

2.半剖面視圖注意事項

(1)半剖面視圖將物件用割面切除四分之一所得之結果。

(2)半剖面視圖中心線不得畫成實線，其割面線亦予省略。

(3)半剖面視圖中心線不得畫成實線。

6-4 局部剖視圖

1.局部剖面

若只需表示機件某部分之內部，僅將該部分剖切，稱為局部剖面，如圖 6-4-1 所示。

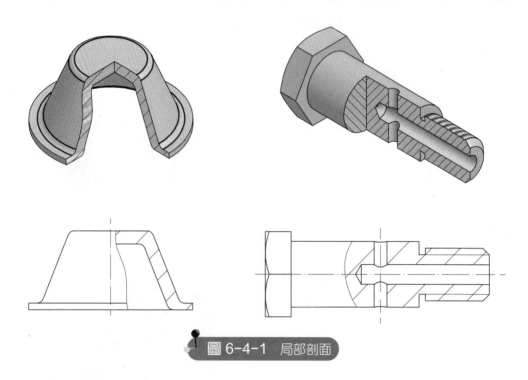

圖 6-4-1　局部剖面

2.局部剖面視圖注意事項

(1)局部剖面折斷線通常以徒手細實線表示之。

(2)局部剖面折斷位置應折斷於容易表示之處。

(3)局部剖面折斷位置宜避免輪廓線或中心線為折斷處。

6−5 旋轉剖視圖

1.旋轉剖面

機件之剖面在剖切處原地旋轉 90°，以細實線重疊繪出，如圖 6−5−1 所示。

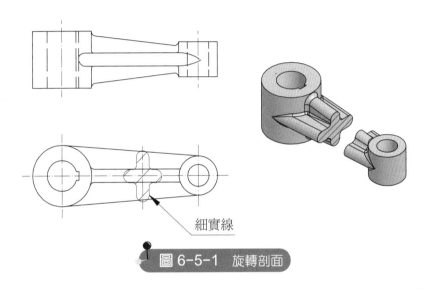

細實線

圖 6-5-1　旋轉剖面

2.旋轉剖面注意事項

旋轉剖面亦可配合折斷線利用中斷視圖表示之，但此時之旋轉剖面之輪廓線，應改用粗實線畫出，如圖 6−5−2 所示。

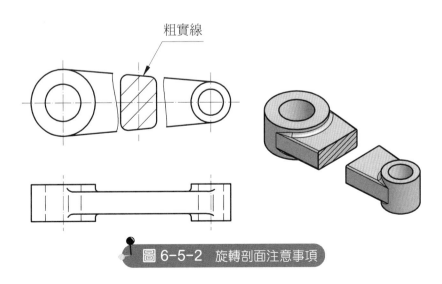

粗實線

圖 6-5-2　旋轉剖面注意事項

6-6 移轉剖視圖

1.移轉剖面

將剖面旋轉,沿割面線之延伸方向移出,繪於原圖之外者,稱為圖 6-6-1 所示。

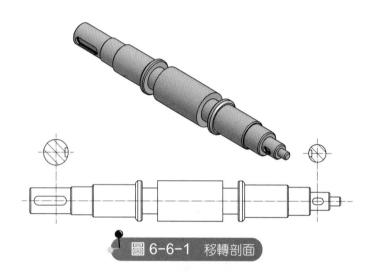

圖 6-6-1　移轉剖面

2.移轉剖面注意事項

⑴移轉剖面必要時得平移至任何位置,不得旋轉,如圖 6-6-2 所示。

⑵移轉剖面移出原視圖外,以細鏈線沿著割面方向移出,繪於原視圖附近。

⑶移轉剖面,可將畫於割面延伸的位置或平移到附近畫出,並註明該剖視圖的割面符號,以相同之字母以區別。

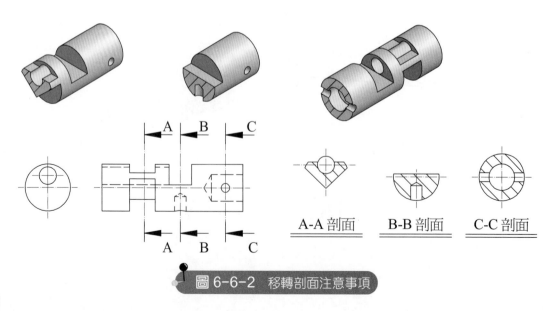

A-A 剖面　　B-B 剖面　　C-C 剖面

圖 6-6-2　移轉剖面注意事項

6－7 多個剖視圖

1.多個剖面視圖

　　機件上有多個剖面時，應使用字母分別標明，在各剖視圖下方加註與割面線相同之字母以區別之，例如「A–A 剖面」等，如圖 6–7–1 所示。

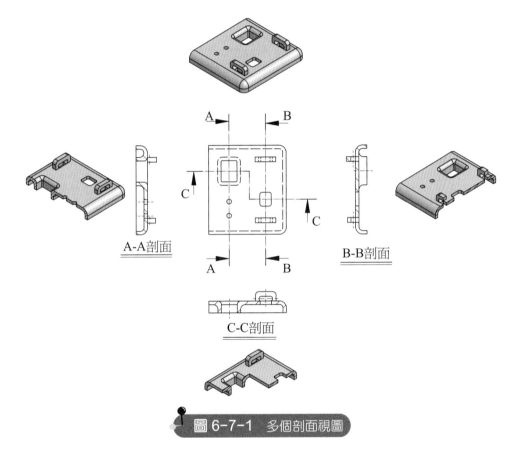

A-A剖面

B-B剖面

C-C剖面

圖 6-7-1　多個剖面視圖

2.多個剖面視圖注意事項

　(1)機件上有多個剖面時，同一字母應使用相同字母。

　(2)字母方向一律朝上，不得朝左或朝右。

6-8 剖面之習用畫法

1.割面轉正之視圖

為了能夠看清楚物體之特徵、形狀,可將物體某部位先行轉正,然後加以剖切,再畫出其剖視圖,如圖 6-8-1 所示。

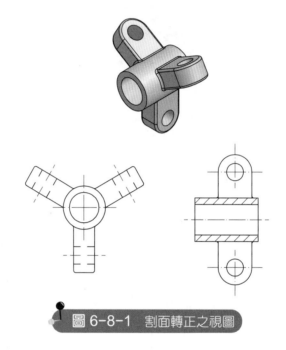

圖 6-8-1 割面轉正之視圖

2.不加以剖切之視圖

機件中肋常用機件之加強部分、輻常用機件之輪輻部分、耳常用機件之固定或提起部分,如圖 6-8-2 及圖 6-8-3 所示。

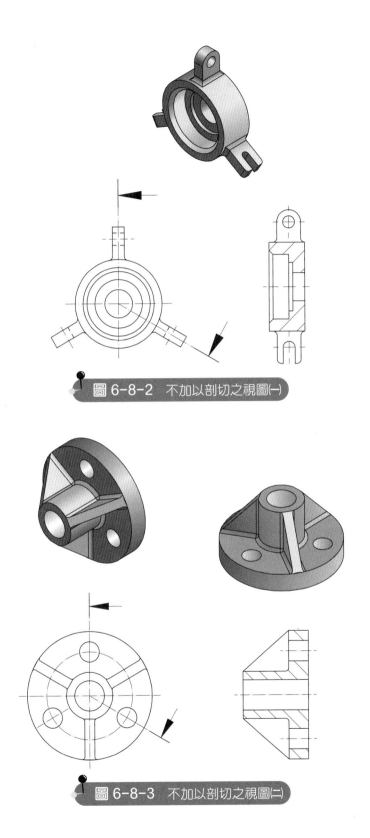

圖 6-8-2　不加以剖切之視圖㈠

圖 6-8-3　不加以剖切之視圖㈡

6-9 本章與 AutoCAD 關聯示範說明

1.剖面示範

⑴使用圖 6-9-1 來進行示範。

⑵先繪製 3D 圖形。

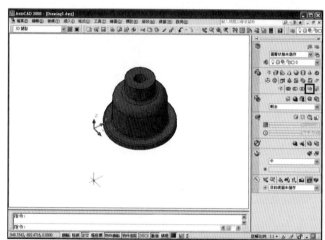

剖面平面指令

圖 6-9-1 繪製 3D 圖形

2.使用剖面平面指令

⑴剖面平面 📦→正投影 (o) →前 (F) ／後 (A) ／上 (T) ／下 (B) ／左 (L) ／右 (R) 可選擇。

⑵分別如圖 6-9-2 中①、②、③、④、⑤、⑥所示。

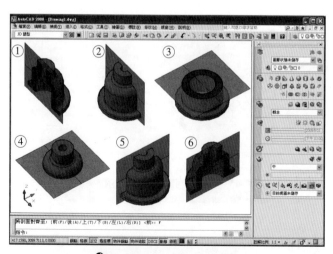

圖 6-9-2 剖面平面

∽∽∽∽∽∽∽∽∽∽∽∽∽∽∽∽∽∽∽∽∽ **習　題** ∽∽∽∽∽∽∽∽∽∽∽∽∽∽∽∽∽∽∽∽∽

PART A：製圖練習（比例 1:1）

1. 全剖視圖：按照割面方向所示完成其剖面視圖並正確的標註尺度。

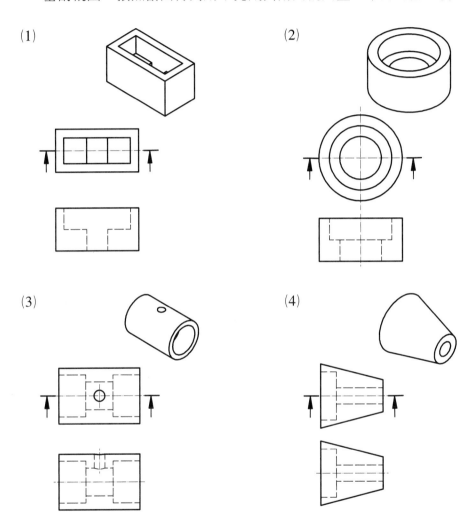

(1)

(2)

(3)

(4)

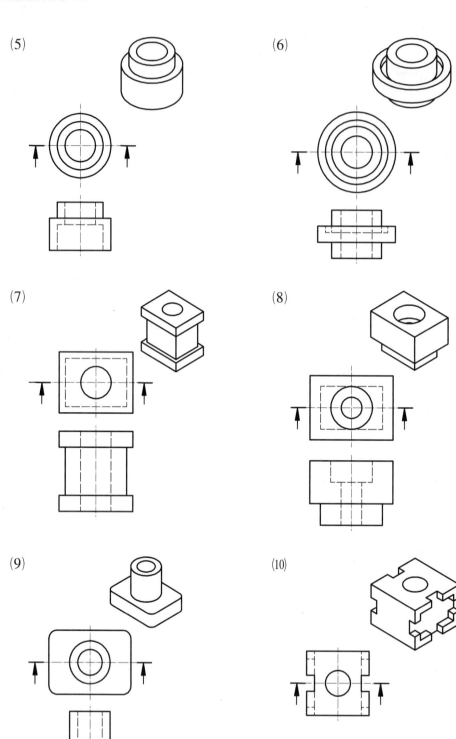

(11)

(12)

(13)

(14)

(15)

(16)

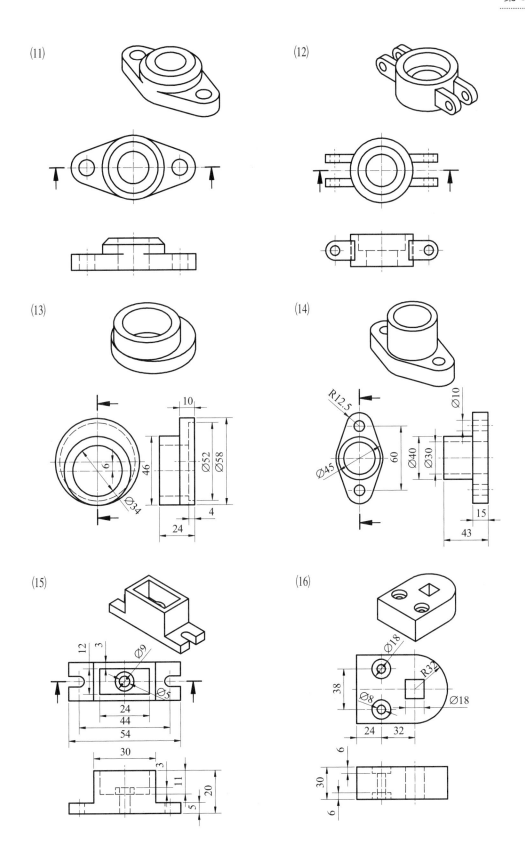

2.全剖轉正剖切：按照割面方向所示完成其剖面視圖並正確的標註尺度。

(1)

(2)

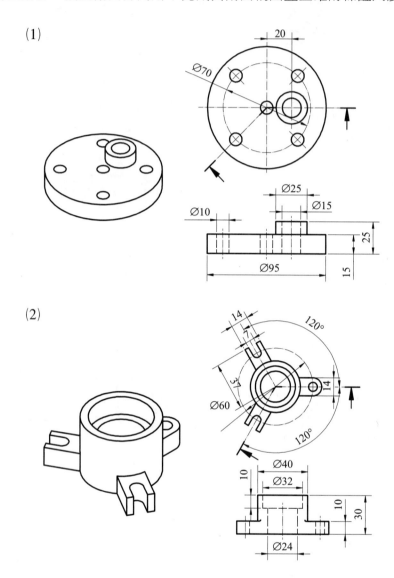

3.半剖視圖：按照割面方向所示完成其剖面視圖（不需標尺寸）。

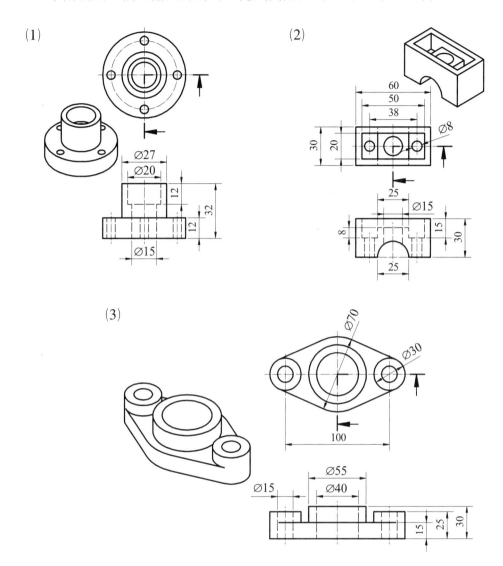

(1)

(2)

(3)

4.旋轉視圖：按照旋轉剖面中心線所示完成其剖面視圖（不需標尺寸）。

(1)
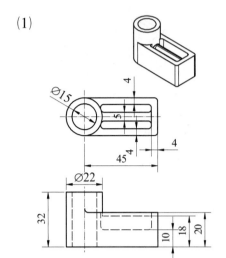

(2)
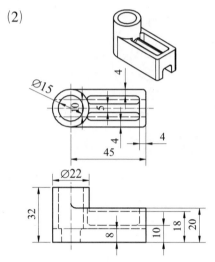

(3)
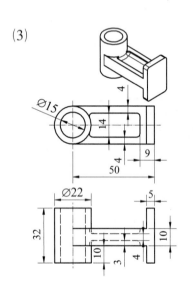

(4)
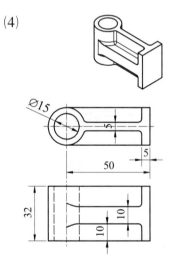

5.多個剖視圖：按照割面方向所示逐一完成其剖面視圖（不需標尺寸）。

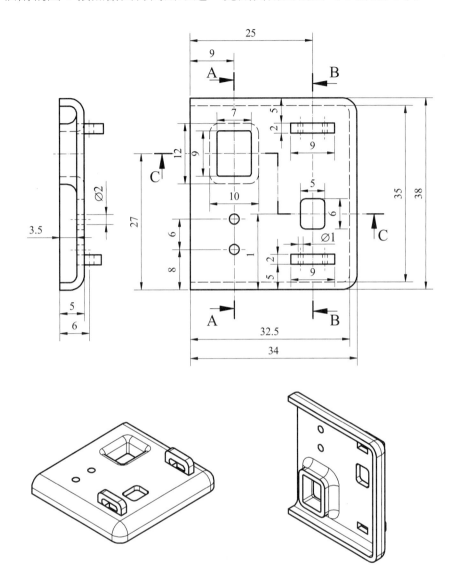

PART B

1. 試述剖視圖目的、剖視圖方法、剖視圖特性。

2. 試述割面線之繪製要點。

3. 試述剖面線之繪製要點。

4. 試述全剖面及其特性。

5. 試述半剖面視圖及其特性。

6. 試述局部剖面及其特性。

7. 試述旋轉剖面及其特性。

8. 試述移轉剖面及其特性。

9. 試述多個剖面視圖及其特性。

觀念評量

（　）1. 為清楚顯示複雜物體的內部結構，應加畫

　　　　(A)左側視圖　(B)底視圖　(C)輔助視圖　(D)剖視圖　(E)立體圖。

（　）2. 割面線兩端的箭頭是表示

　　　　(A)切割的範圍　(B)視圖投影方向　(C)旋轉剖面　(D)移轉剖面。

（　）3. 繪製剖面視圖，下列何者不能用以表示物體剖切位置？

　　　　(A)中心線　(B)剖面線　(C)割面線　(D)轉折割面線。

（　）4. 有關割面線，下列敘述何者錯誤？

　　　　(A)割面線是兩端粗中間細的鏈線　(B)割面線在視圖中就是割面的邊視圖

　　　　(C)若割切位置相當明確，則割面線可省略不畫　(D)割面線不可轉折。

（　）5. 有關線條種類與用途，下列敘述何者錯誤？

　　　　(A)剖面線是用細實線　(B)割面線是用細實線　(C)節線是用細鏈線　(D)隱藏

　　　　線是用虛線　(E)尺寸線是用細實線。

（　）6. 下列敘述何者正確？

　　　　(A)割面線可轉折　(B)剖面線屬中線　(C)小尺寸恆註於大尺寸之外　(D)鍵、

　　　　銷等應畫剖面線。

（　）7. 有關剖面線，下列敘述何者錯誤？

　　　　(A)剖面線為多條等距離並且平行的細實線　(B)剖面線必須與水平線成 45°

　　　　(C)同一物件之剖面線必須畫成同一等間隔及同一方向　(D)剖面線之平行線

　　　　間之距離視剖面範圍之大小而定。

（　）8. 有關剖視圖，下列敘述何者錯誤？

　　　　(A)割面線可轉折　(B)剖面線屬於細實線　(C)所有的剖面線均應與水平成

　　　　45°　(D)軸、鍵等為習慣上不剖切之元件。

（　）9. 下列敘述何者錯誤？

　　　　(A)割切面可轉折　(B)所有的剖面線均應與水平成 45°　(C)剖面線屬細線

　　　　(D)尺寸應註於剖面圖之外部　(E)軸、鍵等為習慣上不剖之元件。

（　）10. 有關剖面線，下列敘述何者錯誤？

　　　　(A)同一機件剖切後，其剖面線的方向與間隔均須相同　(B)在組合圖中，相鄰兩機件,其剖面線應取相同的方向及相同的間隔　(C)較大的機件的剖面,其中間部分的剖面線可以省略　(D)當剖面的面積狹小,不易畫剖面線時,可以塗黑之。

( )　11.甚薄材料剖切時,其剖切面

　　　　(A)照畫剖面線　(B)全部塗黑　(C)全部空白　(D)不剖切。

( )　12.有關剖面及剖面線,下列敘述何者錯誤?

　　　　(A)以細實線畫出剖面線　(B)同一機件,其剖面線的方向與間隔,可因在不同部位而隨之變化　(C)較大機件,其中間部分之剖面線可以省略　(D)當剖面的面積狹小,不易畫剖面線時,可以塗黑之,如型鋼、薄墊圈等。

( )　13.若物件其剖切方式是假想切割面將物件剖開,即從物件的上方至下方剖切,並移走前半部後再正投影觀察物件內部,稱為

　　　　(A)半剖面　(B)全剖面　(C)旋轉剖面　(D)移轉剖面。

( )　14.有關半剖視圖,下列敘述何者錯誤?

　　　　(A)大部分應用於非對稱之機件上　(B)可將機件之內部與外部形狀同時表現於同一視圖上　(C)內外形狀分界,以中心線為分界線　(D)機件外部形狀上之虛線,通常均不畫出。

( )　15.對於半剖面的敘述何者錯誤?

　　　　(A)是以機件的 1/4 來顯示內部的情形　(B)內外形狀分界部分是以中心線表示　(C)虛線用於半剖面上,通常可省略不畫　(D)大部分用於對稱之物體上。

( )　16.有關剖面圖,下列敘述何者錯誤?

　　　　(A)對稱物體作半剖視圖,可同時描述物體內部及外形　(B)作半剖視圖時,不須畫出其中心線　(C)剖面圖的剖面線,不一定與水平線成45°　(D)物體形狀不規則而逐漸變化的部位,可使用移轉剖面,作多個剖面圖。

( )　17.在視圖上將剖面圖沿割面線平移出原有視圖,並用中心線或字母表示其相對位置,這種剖面稱為

　　　　(A)全剖面　(B)半剖面　(C)局部剖面　(D)移轉剖面。

( )　18.當一物體形狀逐漸變化成不規則時,可採用數個

　　　　(A)全剖　(B)半剖　(C)移轉剖面　(D)旋轉剖面。

( )　19.下列機械中,哪一項須用剖面線?

　　　　(A)半圓鍵　(B)皮帶輪　(C)鉚釘　(D)螺母。

輔助視圖

7-1 輔助視圖概述

1.輔助視圖

⑴輔助視圖 (Auxiliary View) 又稱為輔助投影視圖,為正投影視圖之一。

⑵輔助視圖係為了補充正投影視圖基本投影法中水平、垂直及側面三主投影面都無法獲得所需視圖時之用。

⑶斜面在六個投影面上投影所得之視圖,不能顯示該斜面之實形與實長,另作一投影面平行於該斜面 , 斜面對該投影面投影所得之視圖 , 即稱為輔助投影面 (Auxiliary Plane of Projection),如圖 7-1-1 所示。

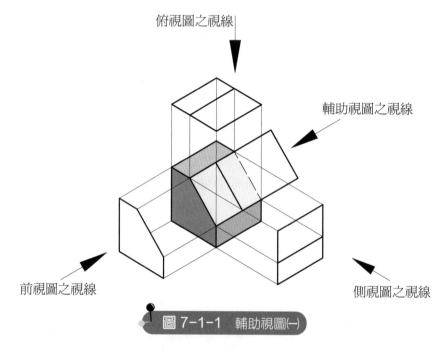

圖 7-1-1 輔助視圖㈠

2.輔助視圖特點

⑴三主要投影面以外之斜的投影面稱為輔助投影面。

⑵在輔助投影面上所取得的視圖稱為輔助視圖,如圖 7-1-2 所示。

⑶一般輔助投影,係用於求單斜線、複斜線、單斜面及複斜面之實形及實長。

⑷利用輔助投影所得之視圖以完成主要視圖(如俯視圖、前視圖、右視圖、左視圖)之繪製並利於單斜面、複斜面之尺度標註。

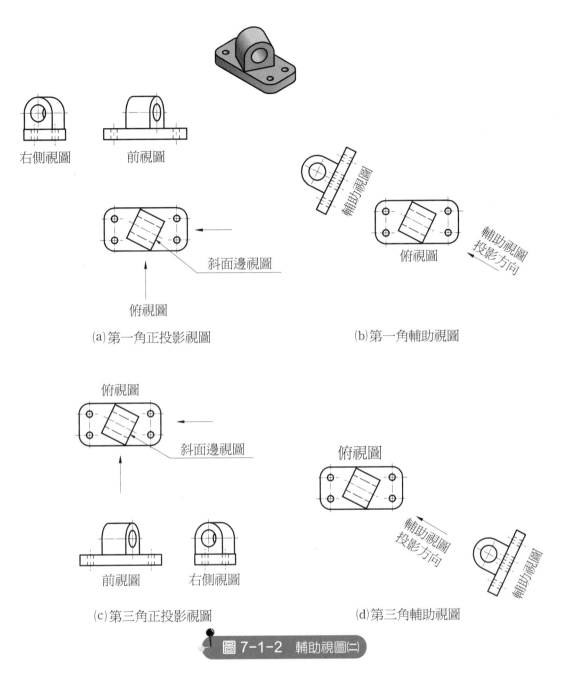

右側視圖　　前視圖

斜面邊視圖

俯視圖

(a)第一角正投影視圖

輔助視圖

俯視圖

輔助視圖
投影方向

(b)第一角輔助視圖

俯視圖

斜面邊視圖

前視圖　　右側視圖

(c)第三角正投影視圖

俯視圖

輔助視圖
投影方向

輔助視圖

(d)第三角輔助視圖

圖 7-1-2　輔助視圖(二)

3.常用之第三角法之輔助投影

(1)將物體放置於第三角投影箱中。因物體之傾斜面垂直於前視投影面，根據投影
原理得知，斜面之邊視圖將出現在前視圖上，如圖 7-1-3 所示。

159

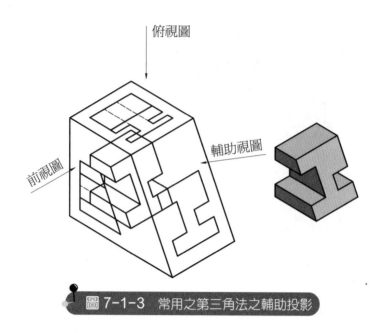

圖 7-1-3　常用之第三角法之輔助投影

⑵一般輔助視圖無法單獨繪製，需配合三個主要視圖之相關位置，依物體之傾斜面方向平行排列，如圖 7-1-4 所示。

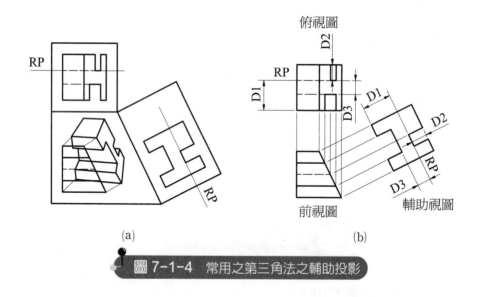

(a)　　　　　　　　　　　　　　(b)

圖 7-1-4　常用之第三角法之輔助投影

7-2 平面之種類

1. 正垂面 (Normal Plane)

　　平行於任一主投影之平面，稱為正垂面。其前視圖、俯視圖及側視圖皆為實形實長，如圖 7–2–1 所示。

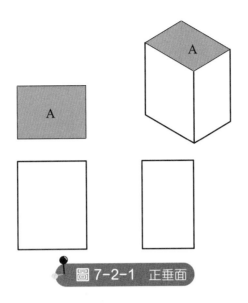

圖 7-2-1　正垂面

2. 單斜面 (Inclined Plane)

垂直於任一主投影面但傾斜於另二主投影面之平面，稱為單斜面。斜面之邊視圖出現在前視圖，但在俯視圖及側視圖中皆非實形，如圖 7–2–2 所示。

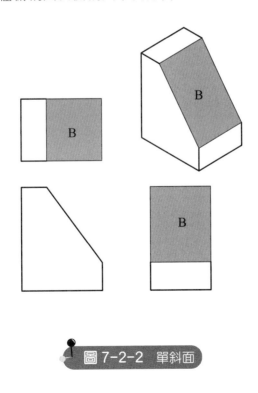

圖 7-2-2　單斜面

3. 複斜面 (Oblique Plane)

傾斜於三個主投影面者，稱為複斜面。複斜面在前視、俯視及側視中皆非實形，如圖 7-2-3 所示。

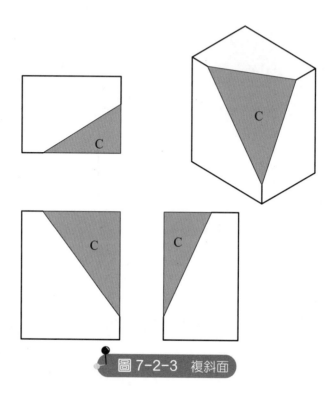

圖 7-2-3　複斜面

7-3 輔助視圖之種類

1. 單輔助視圖

(1) 單輔助視圖用於求單斜面之實形。

(2) 係一平面之投影，該平面垂直於一主投影面而傾斜於另兩主投影面。故需作一平行於單斜面之輔助視圖，以求單斜面之實形及大小，如圖 7-3-1 所示。

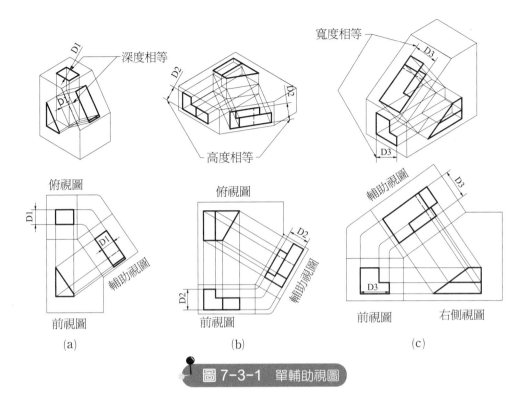

圖 7-3-1　單輔助視圖

2. 複輔助視圖

⑴複輔助視圖用於求複斜面之實形。

⑵係一平面與各主投影面均不平行，亦不垂直，即斜面與主投影面成一角度形成
　歪斜現象，稱為複斜面。

⑶此歪面在各主要投影面上都不能獲得實形。為獲得此複斜面之實形，須先求得
　其邊視圖，再以邊視圖投影求出複斜面之實形。

⑷故除主投影面外，需另作兩個輔助視圖：第一輔助視圖可求得複斜面之邊視圖，
　第二輔助視圖由第一輔助視圖投影而得，係複斜面之法線視圖，可求得複斜面
　之實形。

7-4 單斜面之輔助視圖

1. 單斜面之邊視圖

⑴單斜面為物體之斜面，垂直於一主投影面，而傾斜於另二個主投影面。

⑵單斜面垂直於某一主投影面，則單斜面之邊視圖將顯現於該主投影面上。

(3)單斜面能在所垂直之投影面上顯現其邊視圖，即得此斜面之實長，如圖 7-4-1
所示。

(4)俯視圖中 "p" 即為 A 斜面之邊視圖之實長。亦為 A 斜面輔助視圖所需之第一尺
度。前視圖中 "h" 即為 A 斜面之實高，亦為 A 斜面法線視圖所需之第二尺度。
由此二尺度，即可得 A 斜面之實形輔助視圖。

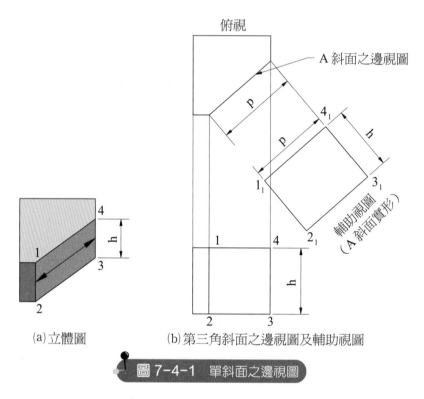

(a)立體圖　　　(b)第三角斜面之邊視圖及輔助視圖

圖 7-4-1　單斜面之邊視圖

2.單斜面之輔助視圖

(1)由斜面之法線（垂直）方向作正投影所得輔助視圖又稱法線視圖。

(2)由圖 7-4-1 中得知，繪製輔助視圖所需二尺度，長 "p" 與高 "h"，藉由此二尺
度即可得 A 斜面實形之輔助視圖。依邊視圖的觀念，法線視圖之投影原理，如
圖 7-4-2 所示。

(3)已知一具有斜面之斜體，作一基準面平行於斜面所垂直之投影面。基準面於斜
面垂直，則該斜面會在該基準面上顯現邊視圖。

(4)於邊視圖之法線方向之適當距離，設立一平行於斜面之輔助投影面，作為斜面
之正投影面。其斜面之長度 "p" 可由投影而得，但其高度 "h" 需由前視圖移測
至輔助視圖上。

⑸旋轉法線視圖，即得與斜面實形之輔助視圖。

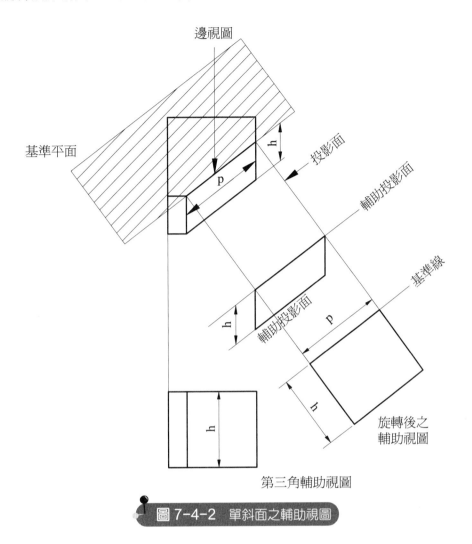

基準平面

邊視圖

h

p

投影面

輔助投影面

輔助投影面

基準線

h

p

h

h

旋轉後之
輔助視圖

第三角輔助視圖

圖 7-4-2　單斜面之輔助視圖

3.單斜面基準面之設定

⑴所假設之基準面與物體之正面平行，則基準面之邊視圖恰好在俯視圖及輔助視
　圖之內側，距離 "D" 之量取，直接由基準面量 "D" 之距離。如圖 7–4–3 ⒜所示。

⑵若物體之斜面為對稱形，則可將基準面設定於其中心線上，如圖 7–4–3 ⒝所示。

⑶亦可將基準面設定於物體之背面，如圖 7–4–3 ⒞所示。

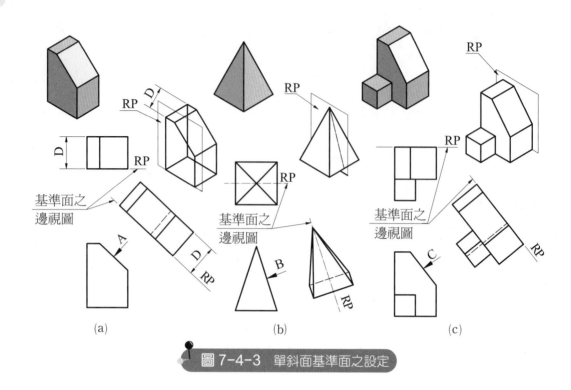

圖 7-4-3　單斜面基準面之設定

7-5 單斜面輔助視圖之實物求法

1.前輔助視圖之繪製步驟

　　物體上斜面之前輔助視圖之繪製步驟，如圖 7-5-1 所示。

⑴如圖 7-5-1 (a)所示為物體之立體圖。觀察此立體圖之斜面垂直於前視圖而傾斜俯視面及側視面。因此斜面之邊視圖顯現於前視圖。

⑵畫部分俯視圖及前視圖。並自前視圖上斜面之邊視圖引出垂直投影線，以定出輔助視圖之觀察方向，如圖 7-5-1 (b)所示。

⑶定俯視圖之基準面，此處將基準面置於物體之後。並取適當距離在與投影線垂直的方向畫輔助視圖之基準面，如圖 7-5-1 (c)所示。

⑷從俯視圖中量取所需各點至基準面之距離，移繪至輔助視圖上，如圖 7-5-1 (d)所示。

⑸依實際尺寸移繪完成輔助視圖，如圖 7-5-1 (e)所示。任何在俯視圖中向前視圖所得之量度，均移繪至輔助視圖。

⑹將輔助視圖上各點到基準面之距離，移繪於俯視圖的對應點上，以使俯視圖成

為完整之視圖，如圖 7–5–1 (f)所示。

⑺此輔助視圖係由前視圖投影而得，故稱前輔助視圖 (Front Auxiliary)。

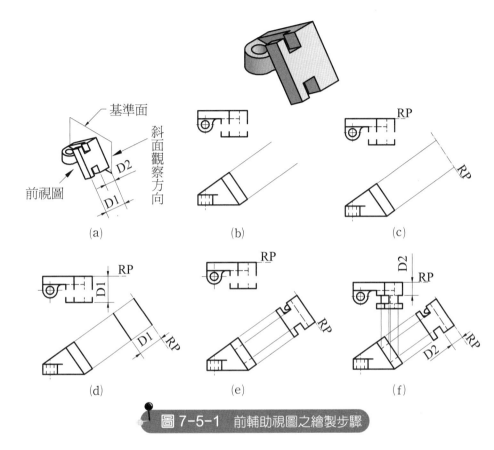

圖 7–5–1　前輔助視圖之繪製步驟

2.上輔助視圖之繪製步驟

物體上斜面之上輔助視圖之繪製步驟，如圖 7–5–2 所示。

⑴如圖 7–5–2 (a)所示，為物體之立體圖，觀察此立體圖之斜面垂直於俯視圖而傾斜於前視圖及側視圖。因此斜面之邊視圖顯現於俯視圖。

⑵依立體圖繪製部分俯視圖及前視圖，並自俯視圖之斜面引出垂直投影線，並自斜面之邊視圖引出垂直投影線以定輔助視圖之觀察方向，如圖 7–5–2 (b)所示。

⑶定前視圖之中心線為基準面 (Datum Surface)。並取適當距離畫輔助視圖之基準面平行斜面與投影線垂直，如圖 7–5–2 (c)所示。

⑷從前視圖中量取所需各點至基準面之距離，移繪至輔助視圖上，如圖 7–5–2 (d)所示。

⑸依實際尺寸之移繪完成輔助視圖，如圖 7–5–2 (e)所示。任何在前視圖中向俯視

圖所得之量度，均移繪於輔助視圖並引到俯視圖。若不用輔助視圖，則前視圖將無法完成。

⑹為繪製前視圖上斜面之完整視圖，可在輔助視圖之圓弧上選擇數點投影到俯視圖，再由俯視圖之交點向下投影至前視圖。在這些投影線上，由輔助視圖移繪高度 H_2 及 H_3，而求得前視圖中之對應點，依同法取 H_4 及 H_5 和其他各點，以得前視圖中之曲線，使前視圖成為完整之視圖，如圖 7–5–2（f）所示。

⑺此輔助視圖係由俯視圖投影而得，故稱為上輔助視圖。亦即此斜面垂直於俯視面而傾斜於前視面及側視圖。

如圖 7–5–2 所示，為物體上斜面之上輔助視圖之繪製步驟。

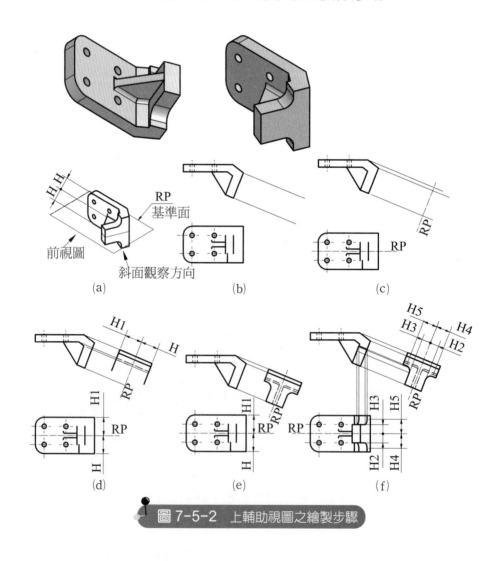

圖 7-5-2 上輔助視圖之繪製步驟

3.側輔助視圖之繪製步驟

　　物體上斜面之側輔助視圖之繪製步驟，如圖 7–5–3 所示。

(1)如圖 7–5–3 (a)所示為物體之立體圖。觀察此立體圖之斜面垂直於側面而傾斜於前視圖及俯視圖。因此斜面之邊視圖顯現於側視圖。

(2)繪製部分前視圖、俯視圖及右側視圖。並自側視圖上斜面邊視圖引出垂直投影線，以定出輔助視圖之觀察方向，如圖 7–5–3 (b)所示。

(3)定前視圖之基準面，此處將基準面置於物體之左側。在適當距離畫輔助視圖之基準面，平行斜面且垂直投影線，如圖 7–5–3 (c)所示。

(4)度量所需各點距基準面之距離，再移繪至輔助視圖上。注意，此前視圖中之諸點均在基準面之右方，故輔助視圖中之點應向右側量度。

(5)依實際尺寸之移繪完成輔助視圖，如圖 7–5–3 (e)所示。

(6)由輔助視圖之再投影及寬度之量測，完成右側視圖及前視圖，如圖 7–5–3 (f)所示。

(7)此輔助視圖係由側視圖投影而得，故稱為側輔助視圖。

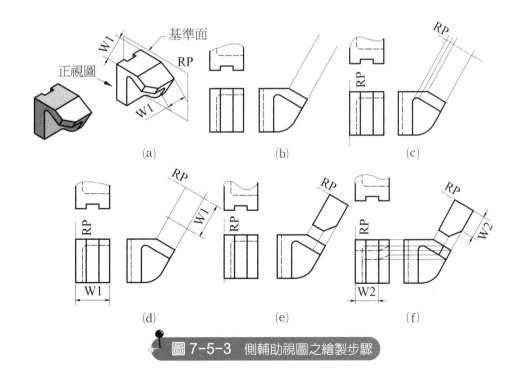

圖 7-5-3 側輔助視圖之繪製步驟

7-6 複斜面之輔助視圖

1.歪面之邊視圖複斜面之邊視圖

(1)有主線的複斜面之邊視圖。

(2)無明顯主線的複斜面之邊視圖。

註：①主線係指水平主線、垂直主線及側面主線。

②水平主線、垂直主線及側面主線分別指一傾斜平面與一平行於水平投影面、垂直投影面及側面投影面的平面交切而得之交切線。

2.有主線的複斜面之邊視圖

(1)有主線之複斜面，指複斜面具有水平主線、垂直主線或側面主線。

(2)邊視圖係由三主線（水平主線、垂直主線及側面主線）之端視圖 (End View) 連接而成。故欲求邊視圖，須先找出複斜面之主線。

3.有主線的複斜面邊視圖之繪圖步驟

如圖 7-6-1 所示。

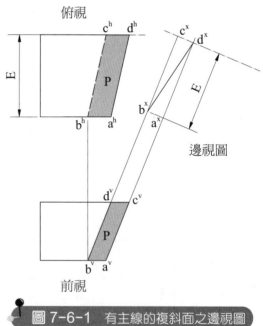

(1)由圖可知 $\overline{ad}$、$\overline{bc}$ 為兩垂直主線，沿 $\overline{a^vd^v}$、$\overline{b^vc^v}$ 方向畫投影線。

(2)於適當距離作上述投影線之垂線，作為端視圖之基準面 RP，其交點 b^xc^x 即為 $\overline{b^vc^v}$ 之端視圖。

(3)由圖可知 $\overline{ab}$、$\overline{cd}$ 為兩水平主線，以俯視圖中 $\overline{b^hc^h}$ 為基準面 RP。

(4)將俯視圖中之 a^h 到 RP 之距離 d 移轉至投影線上，得交點 a^xd^x 為 $\overline{a^vd^v}$ 之端視圖。

(5)連接二端視圖 b^xc^x、a^xd^x，即得複斜面 abcd 之邊視圖。

圖 7-6-1 有主線的複斜面之邊視圖

4.無明顯主線的複斜面之輔助邊視圖

　　無明顯主線之複斜面求其輔助視圖時，需在該複斜面上繪一條垂直、水平或側面主線為基準面 RP，藉以求得該複斜面之邊視圖。

5.無明顯主線的複斜面邊視圖之繪圖步驟

　　如圖 7–6–2 所示。

⑴作水平主線 $\overline{ad}$，為基準面 RP。

⑵於俯視圖中沿 $\overline{a^h d^h}$ 作投影線。

⑶於適當距離作上述投影線之垂線作為端視圖之基準面，其 $a^x d^x$ 即為水平主線 $a^h d^h$ 之端視圖。

⑷同理於俯視圖作點 c^h 及 b^h 平行於 $\overline{a^h d^h}$ 之投影線。

⑸將前視圖中 b^v 及 c^v 距 RP 之距離移轉至上述投影片上（b 點在 RP 之上，c 點在 RP 之下），得 b^x、c^x 兩點。

⑹連接 b^x、$a^x d^x$、c^x 三點即為所求。

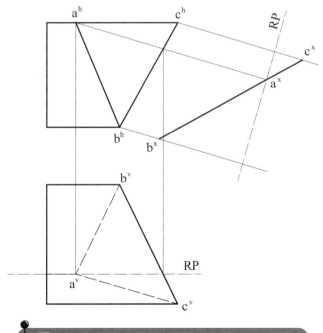

圖 7-6-2　無明顯主線的複斜面之輔助邊視圖

7-7 複斜面輔助視圖之實物求法

1. 如圖 7-7-1 (a)所示物體（尺寸直接沿三軸量度），求作複斜面 △123 之實形。

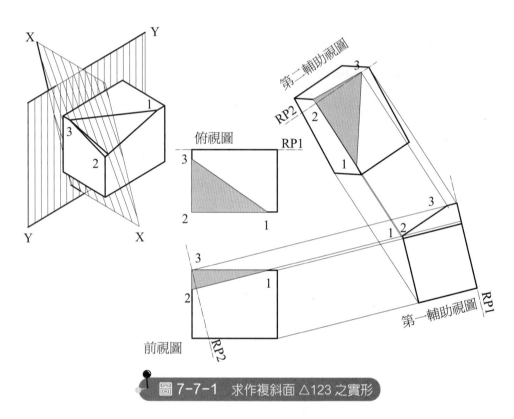

圖 7-7-1　求作複斜面 △123 之實形

⑴ 作一基準面 Y–Y 於物體之正後面上，並完成前視圖及俯視圖。

⑵ 作複斜面 A 之邊視圖方向之第一輔助視圖，作 Y–Y 線為基準面 RP1，垂直 1–2 投影線。

⑶ 再作垂直 12–3 邊視圖之第二輔助視圖，並自前視圖中之 3 點作 X–X 平面垂直於複斜面 △123，過 1–2 於 A 點，並於第二輔助視線先作 X–X 平行於第一輔助視圖之 12–3，自前視圖之 X–X 量各點之距離，繪出第二輔助視圖之圖形。

2. 如圖 7-7-2 (a)所示物體之立體圖，尺寸直接量自立體圖之三軸向。求作滑座之第二輔助視圖。

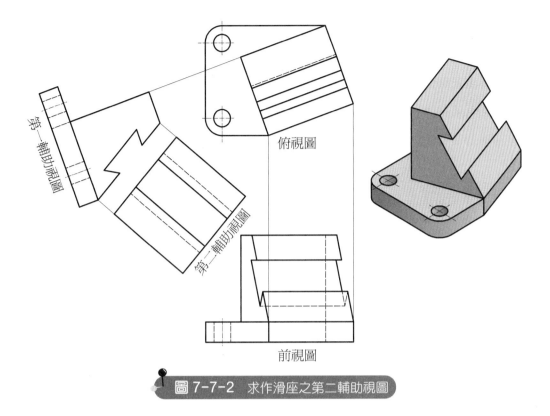

第一輔助視圖

俯視圖

第二輔助視圖

前視圖

圖 7-7-2　求作滑座之第二輔助視圖

(1)由圖(a)量度各部分知尺寸，並畫出俯視圖及前視圖。

(2)沿著俯視圖中滑座傾斜角度 (20°) 的方向，畫出第一輔助視圖，再沿著垂直於滑座面的方向，繪出滑座面上之實際形狀。

7-8 局部視圖與局部輔助視圖

1.局部視圖 (Part View)

在前投影視圖中有時僅需表達物體特定之某一部位，因而省略或斷裂其他部分，所得之視圖稱為局部視圖 (Part View)。

2.局部輔助視圖 (Partial Auxiliary Elevation)

(1)在輔助視圖中，僅畫出整個輔助視圖中所欲表達之一部分，省略其他不需之部分，所得之視圖，稱為局部輔助視圖 (Partial Auxiliary Elevation)，如圖 7–8–1 所示。

(2)必要時，局部輔助視圖可平移至任何位置，不得旋轉，並須在投影方向加繪箭頭及文字註明，如圖 7–8–2 所示。

3.局部輔助視圖具有下列特點

　(1)使作圖簡化，使圖樣清晰易懂。

　(2)通常用折斷線表示局部輔助視圖的假想折斷。

　(3)常以局部輔助視圖替代完整的輔助視圖。

　(4)在輔助視圖中，習慣把虛線省略。

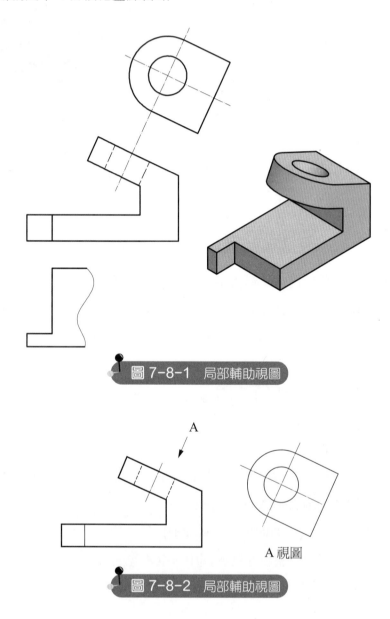

圖 7-8-1　局部輔助視圖

A

A 視圖

圖 7-8-2　局部輔助視圖

PART A：依下列各圖畫出輔助視圖（比例 1:1）

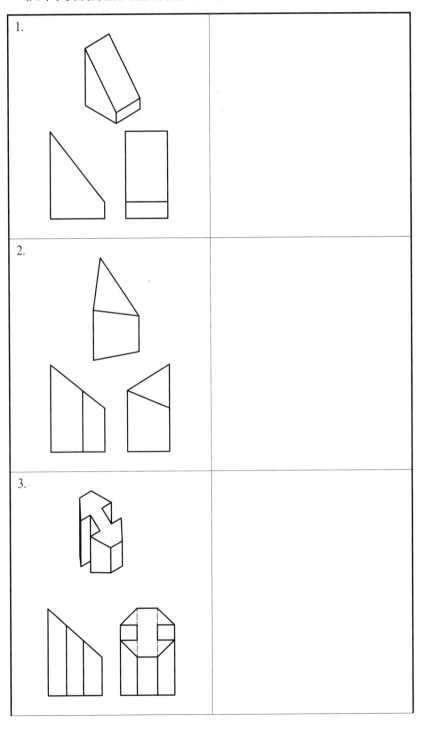

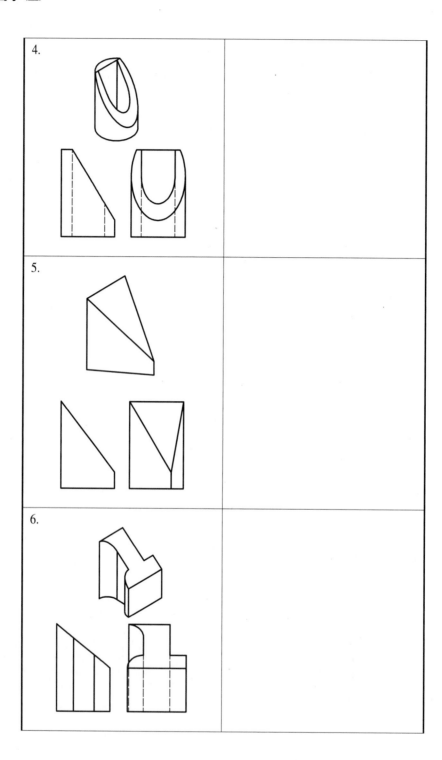

4.

5.

6.

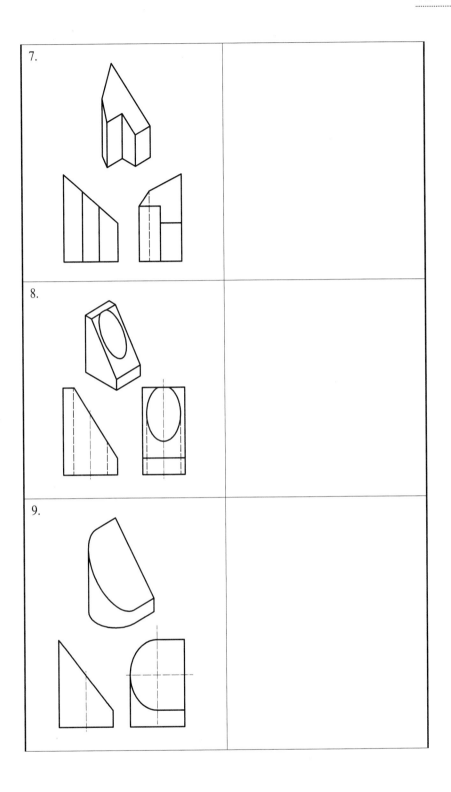

7.

8.

9.

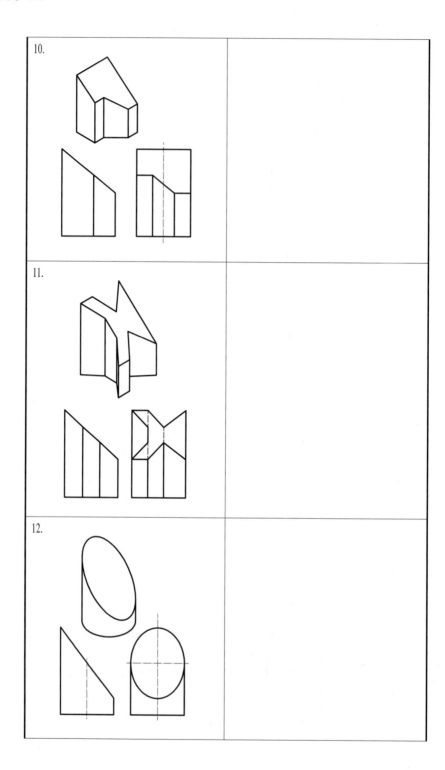

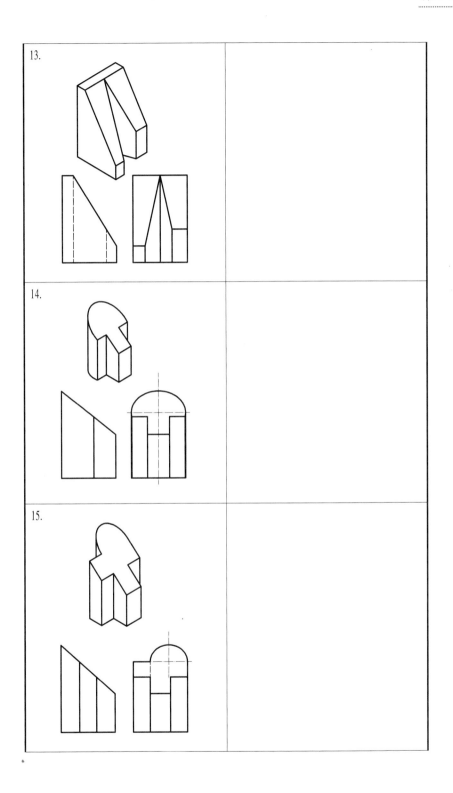

13.

14.

15.

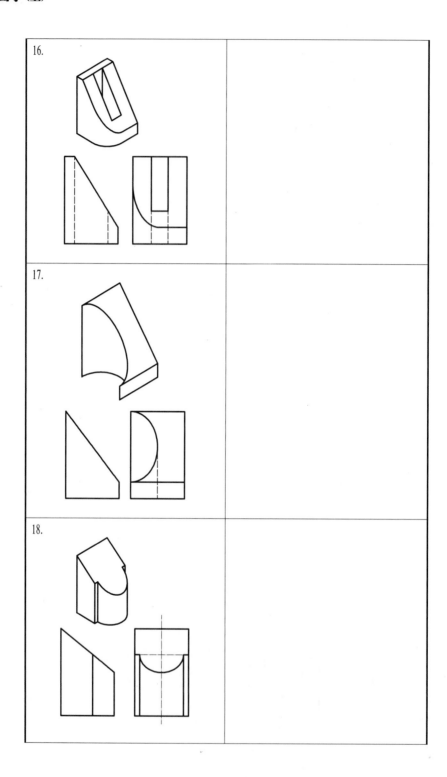

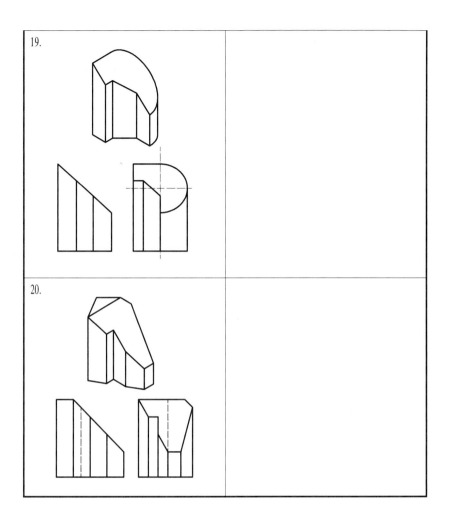

PART B

1. 何謂輔助視圖？

2. 試述輔助視圖之特點。

3. 試述平面之種類。

4. 試述單輔助視圖之特性。

5. 試述複輔助視圖之特性。

6. 何謂局部視圖 (Part View)？何謂局部輔助視圖 (Partial Auxiliary Elevation)？

7. 試述局部輔助視圖之特點。

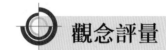

觀念評量

( )　1. 物體之斜面在主要投影面不能顯示其實形大小，如要求其實形大小，必須用下列何種視圖表達？

(A)透視圖　(B)輔助視圖　(C)斜視圖　(D)端視圖。

( )　2. 許多物體常因其主要面不平行於主投影面，而不能顯示其實形，必須用

(A)輔視圖　(B)剖視圖　(C)斜投影　(D)副投影　方能顯示實形。

( )　3. 繪製輔視圖之主要目的為顯示斜面之

(A)內、外部形狀　(B)投影關係　(C)真實形狀大小　(D)長度範圍。

( )　4. 欲幫助繪製縮小變形的視圖，則須繪製

(A)展開圖　(B)透視圖　(C)輔助視圖　(D)剖面圖。

( )　5. 繪製輔助視圖所根據的投影原理是

(A)斜投影　(B)透視投影　(C)三角投影　(D)正投影。

( )　6. 物體之斜面在主要投影面不能顯示其實形大小，如要求其實形大小，必須用下列何種視圖表達？

(A)透視圖　(B)輔助視圖　(C)斜視圖　(D)端視圖。

( )　7. 下列何種投影圖，最能清楚標示斜面的正確形狀與大小？

(A)右側投影圖　(B)輔助投影圖　(C)左側投影圖　(D)上側投影圖。

( )　8. 視圖垂直於某一平面時，則該平面顯現真實形狀、大小，可使用

(A)剖面圖　(B)立體圖　(C)展開圖　(D)輔助視圖。

( )　9. 凡由俯視圖投影所得之輔視圖，均可顯示物體之高度，故稱為

(A)深度輔視圖　(B)高度輔視圖　(C)寬度輔視圖　(D)側面輔視圖。

( )　10. 輔視圖之分類及命名，以其所顯示之主要什麼為準？

(A)尺度　(B)位置　(C)形狀　(D)長度。

( )　11. 一垂直於直立投影面的單斜面，可由其下列哪個視圖之投影所得的輔助視圖，求得實際的形狀及尺度大小？

(A)左側視圖　(B)前視圖　(C)右側視圖　(D)俯視圖。

( )　12. 若前視圖表示物體的高度與寬度，下列有關單斜面輔助視圖的敘述何者錯誤？

⒜輔助視圖的投影線一定要和該斜面的邊視圖成 45°　⒝由前視圖中的斜面邊視圖所作的輔助視圖，可顯示物體的深度　⒞由俯視圖中的斜面邊視圖所作的輔助視圖，可顯示物體的高度　⒟由側視圖中的斜面邊視圖所作的輔助視圖，可顯示物體的寬度。

(　) 13.複斜面作兩個輔視圖方可表示此平面，第一個視圖為
⒜兩面之交線　⒝平行於前視圖之投影面　⒞正垂視圖　⒟平面之邊視圖。

(　) 14.三邊形的複斜面，在主要視圖中呈
⒜較大之三邊形　⒝較小之三邊形　⒞相同大小之三邊形　⒟四邊形。

(　) 15.有關複斜面，下列敘述何者錯誤？
⒜欲求複斜面之實形，只需經過一次輔助視圖　⒝不平行也不垂直於任一主要投影面　⒞求得第一輔助視圖，即為複斜面的邊視圖　⒟三角形的斜面在三視圖中均為三角形。

(　) 16.輔助視圖中 RP 表示
⒜水平面　⒝垂直面　⒞傾斜面　⒟參考基準面。

(　) 17.有一平面在三個主投影面均無法看到真實大小，該平面稱為
⒜正垂面　⒝單平面　⒞平行面　⒟複斜面。

(　) 18.必須借助於兩個輔視圖，方能顯示其實際的尺寸大小的是
⒜平面　⒝歪斜面　⒞斜面　⒟直立面。

(　) 19.欲求複斜面的邊視圖，宜由此複斜面
⒜實長的方向投影　⒝斜線的方向投影　⒞垂直的方向投影　⒟水平的方向投影。

(　) 20.複斜面的邊視圖，會出現在何種視圖？
⒜前視圖　⒝輔助視圖　⒞俯視圖　⒟側視圖。

習用畫法

8-1 局部視圖

1.局部視圖

　　物體之視圖，僅繪出欲表達之一部分而省略或斷裂其他部分的視圖，稱為局部視圖，如圖 8-1-1 所示。

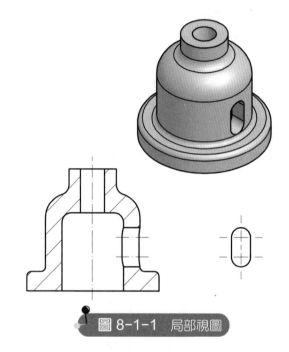

圖 8-1-1　局部視圖

2.局部視圖繪製要點

　(1)輔助視圖即為局部視圖之一。

　(2)凡物體之視圖，或省略而僅繪出一小部分，或繪完整而並無益處，均可用局部視圖表達之，如圖 8-1-2 所示。

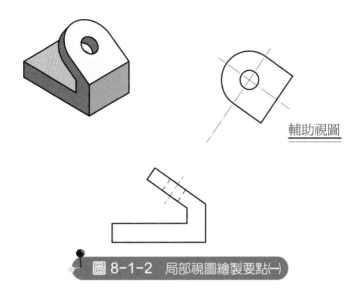

輔助視圖

圖 8-1-2　局部視圖繪製要點㈠

⑶局部視圖於必要時，可平移至任何位置，不得旋轉，並須在投影方向加繪箭頭
　及文字註明，如圖 8-1-3 所示。

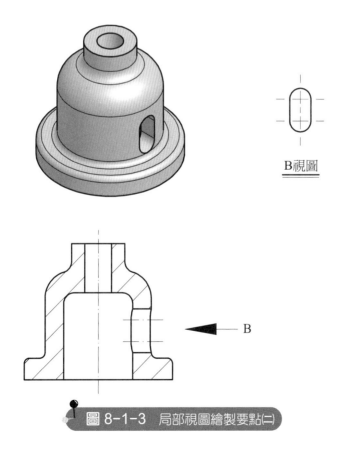

B視圖

B

圖 8-1-3　局部視圖繪製要點㈡

8-2 半視圖

1.半視圖

　　對稱形狀的視圖，為了節省繪圖時間和圖紙的空間，可以畫出中心線的一側，而省略其他一半的視圖，稱為半視圖，如圖 8-2-1 所示。

2.半視圖繪製要點

⑴半視圖畫法如果前視圖為剖視圖（全剖視圖或半剖視圖），俯視圖以半視圖表示時，應繪出遠離前視圖的後半部，如圖 8-2-1 所示。

⑵半視圖畫法如果前視圖為一般投影圖，俯視圖以半視圖表示時，應繪出靠近前視圖的前半部，如圖 8-2-1 所示。

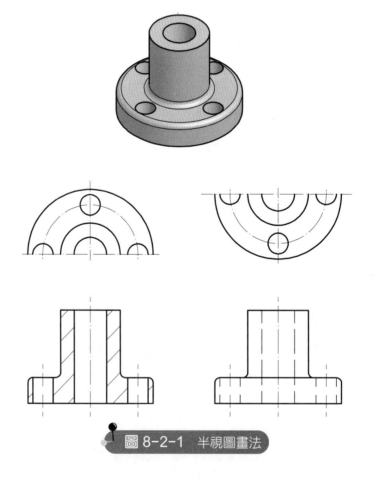

圖 8-2-1　半視圖畫法

8-3 中斷視圖

1.中斷視圖

　　長度甚長的物體，可將其間形狀無變化之部分中斷，以節省空間，此種視圖稱為中斷視圖，如圖 8-3-1 所示。

2.中斷視圖繪製要點

　　中斷視圖以不規則之細實線繪製。

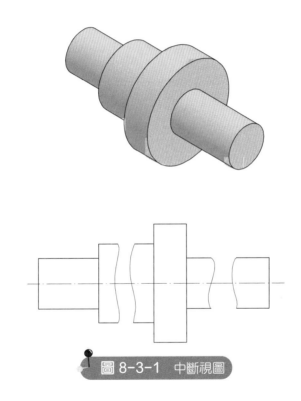

圖 8-3-1　中斷視圖

8-4 轉正視圖

1.轉正視圖

　　為簡化正常視圖，常將物體與投影面不平行的部位，旋轉至與投影面平行，然後繪出此部位的視圖，稱為轉正視圖，如圖 8-4-1 所示。

2.轉正視圖繪製要點

(1)肋、臂、耳、軸等部分機件與投影面不平行的部位，旋轉至與投影面相平行，然後再畫出此部位真實形狀的視圖。

(2)任何具有奇數之輻或肋之機件，轉正視圖應畫成對稱。

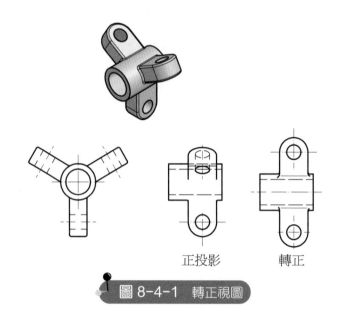

正投影　　　　　轉正

圖 8-4-1　轉正視圖

8-5 局部放大視圖

1.局部放大視圖

局部放大視圖，又稱局部詳圖；一般視圖中，某部位太小，不易表明其形狀或標註尺寸時使用，稱為局部放大視圖，如圖 8-5-1 所示。

2.局部放大視圖繪製要點

(1)將放大部位畫一細實線圓圈圍住，然後以適當的放大比例，在此視圖附近繪出該部位的局部詳圖。

(2)標註放大部位以英文字母表示及比例於圖形下方。

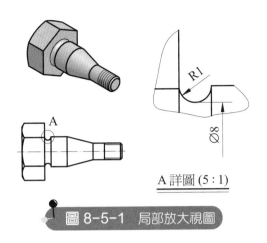

A詳圖 (5：1)

圖 8-5-1　局部放大視圖

8－6　虛擬視圖

1.虛擬視圖

　　物體之某部位於視圖中並不存在，為表明其形狀或相關位置，稱為虛擬視圖，如圖 8-6-1 所示。

2.虛擬視圖繪製要點

　　虛擬視圖以細的鏈線繪出視圖。

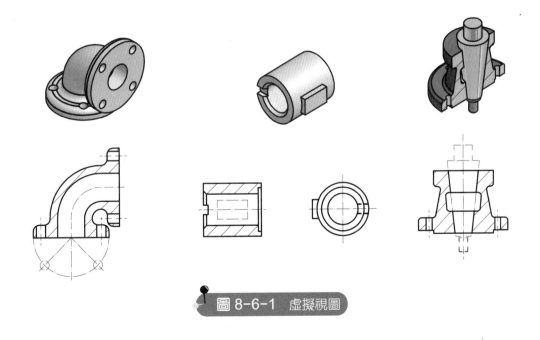

圖 8-6-1　虛擬視圖

8-7 等距圓孔表示法

1.等距圓孔

距離等距且繪出多個圓孔之視圖為等距圓孔,如圖 8-7-1 所示。

2.等距圓孔繪製要點

等距尺度標註法:等距數 × 間隔尺度 = 總尺度。

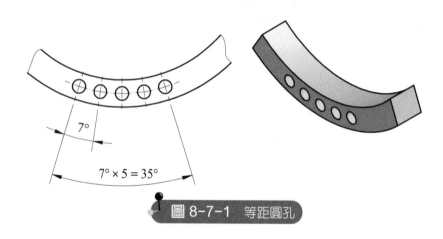

7°

7° × 5 = 35°

圖 8-7-1 等距圓孔

8-8 因圓角消失稜線之表示法

1.因圓角消失稜線

機件中因圓角而消失之稜線,如圖 8-8-1 所示。

2.因圓角消失稜線繪製要點

機件中因圓角而消失之稜線,仍在原位置上以細實線表示,兩端稍留空隙。

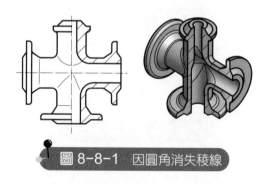

圖 8-8-1 因圓角消失稜線

8-9 圓柱、圓錐面削平表示法

1.圓柱、圓錐面削平

圓柱或圓錐面有一部分被削平而未繪出側視圖時，如圖 8-9-1 所示。

2.圓柱、圓錐面削平繪製要點

圓柱、圓錐面削平以畫交叉的細實線表示之。

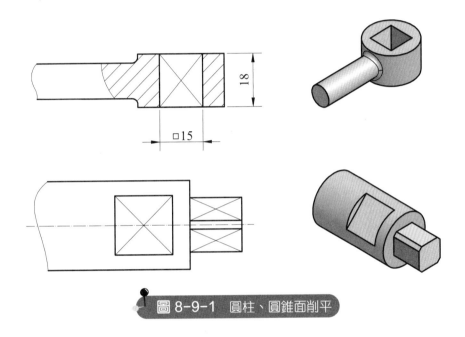

圖 8-9-1　圓柱、圓錐面削平

8-10 輥花、紋面、金屬網目表示法

1.輥花、紋面、金屬網目

機件之表面經加工輥壓，刨切成具輥花、紋面狀，俾易於握時，增加摩擦力與特殊用途，如圖 8-10-1 所示。

2.輥花、紋面、金屬網目繪製要點

加工部位用細實線畫出一角表示之，金屬網之表示亦同。紋面或刨花，尚可繪成局部放大圖，以利閱讀。

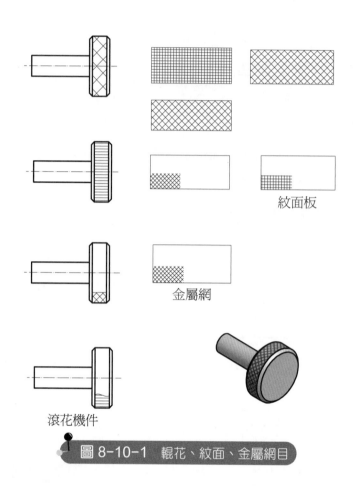

圖 8-10-1　輥花、紋面、金屬網目

8-11 表面特殊處理表示法

1.表面特殊處理

　　物體某一部位需作特殊處理時，如電鍍、拋光等，如圖 8-11-1 所示。

2.表面特殊處理繪製要點

　　物體某一部位需作特殊處理時，在該部位旁用粗鏈線畫出，並註解，如圖 8-11-1 所示。

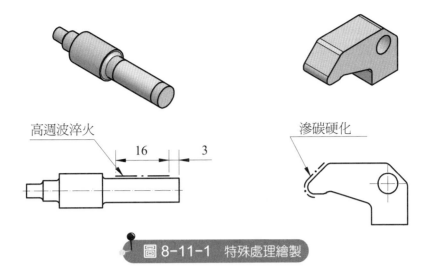

圖 8-11-1 特殊處理繪製

8－12 相同形態表示法

1. 相同形態

機件中有許多相同形態繪製，如圖 8-12-1 所示。

2. 相同形態繪製要點

相同形態之尺度，只需標註一處之大小即可，如圖 8-12-1 所示。

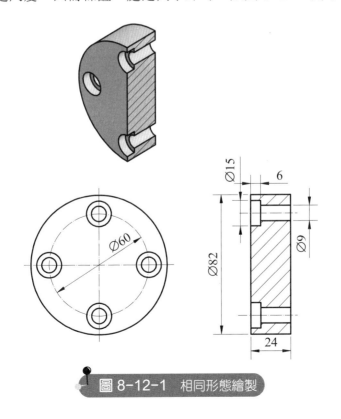

圖 8-12-1 相同形態繪製

8-13 肋、輻、耳之表示法

1.肋、輻、耳

物件中,肋、耳、臂等部位,如圖 8-13-1 及圖 8-13-2 所示。

2.肋、輻、耳繪製要點

物件中,肋、耳、臂等部位,若沿縱長方向被剖切,其剖面內之剖面線常予略去,以免誤解,但若橫切,則剖面應繪出剖面線。

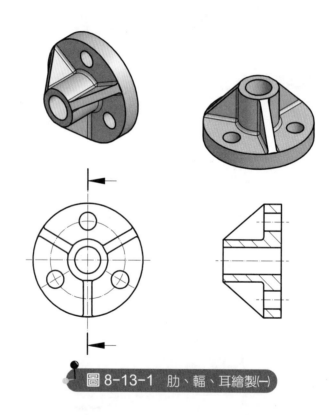

圖 8-13-1　肋、輻、耳繪製㈠

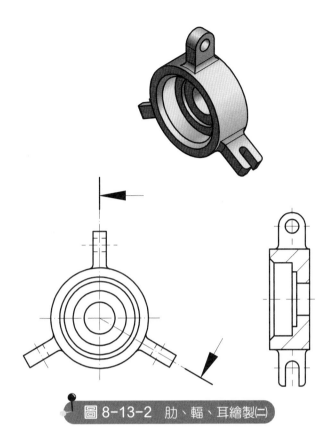

圖 8-13-2　肋、輻、耳繪製㈡

習 題

PART A：**習用畫法**（比例 1:1）

1. 按圖中所示形狀或尺度，正確的使用局部視圖、半視圖或半剖視圖之表示，並
標註其尺寸。

(1)

(2)

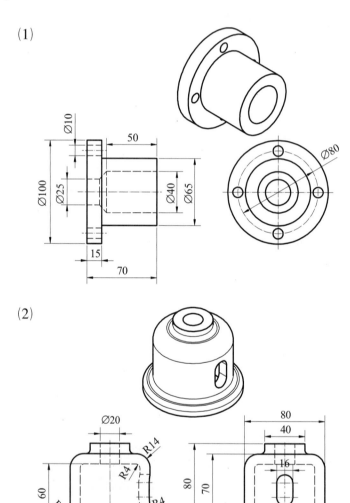

2.按圖中所示形狀或尺度，正確的使用中斷視圖、局部放大視圖或虛擬視圖之表
　示，並標註其尺寸。

(1)

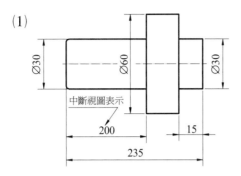

(2)

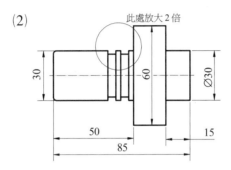

(3)

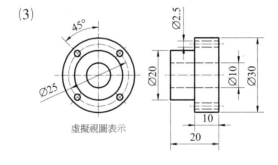

3.按圖中所示形狀尺度完成其剖視圖，正確的使用肋輻耳習用畫法，並標註其尺寸。

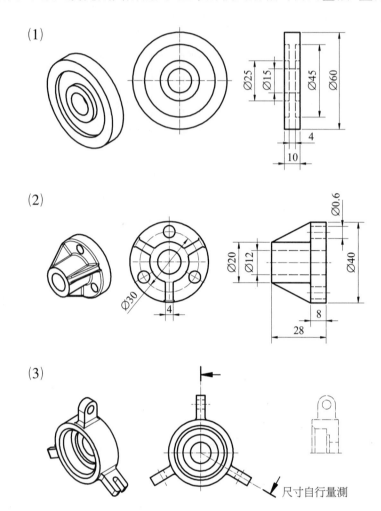

(1)

(2)

(3)

尺寸自行量測

PART B

1.何謂局部視圖？

2.何謂半視圖？

3.何謂中斷視圖？

4.何謂轉正視圖？

5.何謂局部放大視圖？

6.何謂虛擬視圖？

7.試述等距圓孔表示法。

8.試述圓柱、圓錐面削平表示法。

9.試述表面特殊處理表示法。

10.試述相同形態表示法。

 觀念評量

（　）1.機件的表面特殊處理，需用何種線，畫於需處理部分輪廓線之外，平行並
　　　稍離，再用指線及文字或符號註明其加工法？
　　　(A)粗鏈線　(B)細實線　(C)虛線　(D)粗實線。

（　）2.正投影視圖中，矩形內加一雙對角線是表示此面為
　　　(A)圓錐面　(B)平面　(C)曲面　(D)圓球面。

（　）3.圓柱形工作物之工作圖，如用細實線加畫對角線，即表示該處
　　　(A)不必加工　(B)為斜面　(C)為凹面　(D)為平面。

（　）4.以第三角法繪製，若物件前後對稱，前視圖為正投影視圖，則俯視圖應繪
　　　(A)前半部　(B)後半部　(C)右半部　(D)左半部。

（　）5.圓軸形的機件上畫一對交叉對角線表示平面是使用何類線段？
　　　(A)細實線　(B)虛線　(C)中心線　(D)粗實線。

（　）6.當圓柱或圓錐外側有削平部分時，以何種線條在平面上加蓋交叉之對角線
　　　表示？
　　　(A)細實線　(B)虛線　(C)連線　(D)中心線。

（　）7.在視圖中並不存在的部位，為表明其形狀或相關位置，常以細鏈線繪出以
　　　供參考，此種視圖稱為
　　　(A)局部視圖　(B)中斷視圖　(C)轉正視圖　(D)虛擬視圖。

（　）8.機件如板金或衝壓成形者，若需表示其成形前之形狀，應以何種線條繪出？
　　　(A)粗實線　(B)虛線　(C)細實線　(D)假想線。

（　）9.虛擬視圖應以何種線條繪出？
　　　(A)細實線　(B)粗實線　(C)細鏈線　(D)虛線。

（　）10.壓花的習用表示法是在圖面上畫
　　　(A)平行粗線　(B)短折線　(C)交叉線　(D)剖面線。

（　）11.因圓角而消失的稜線，應在原位置以何種線條繪製並兩端留間隙？
　　　(A)粗實線　(B)細實線　(C)虛線　(D)中心線。

（　）12.下列何者不屬特殊視圖的範圍？
　　　(A)局部視圖　(B)轉正視圖　(C)半視圖　(D)斜視圖。

（　）13.只繪出機件局部形狀而省略或斷裂其他部分圖形之視圖稱為
　　　　(A)局部放大詳圖　(B)局部視圖　(C)半視圖　(D)中斷視圖。

（　）14.局部詳圖是在欲放大之部位予以
　　　　(A)細實鏈圓　(B)細實線圓　(C)粗實鏈圓　(D)粗實線圓　，並加註編碼代號
　　　　示之。

（　）15.若圖面尺寸線位置太小，尺度不易記入時，則可使用
　　　　(A)局面詳圖　(B)全剖面　(C)旋轉剖面　(D)輔視圖。

（　）16.在一般視圖中部位太小，不易標註尺度或表明其形狀，可選用下列何種視
　　　　圖？
　　　　(A)局部放大詳圖　(B)輔視圖　(C)剖視圖　(D)局部視圖。

（　）17.在一般視圖中部位太小，不易標註尺度或表明其形狀，可選用何種視圖表
　　　　示？
　　　　(A)剖視圖　(B)輔助視圖　(C)局部視圖　(D)局部放大視圖。

（　）18.較長物件可將其間形狀無變化的部分中斷，以節省空間，此種視圖稱為
　　　　(A)移轉視圖　(B)縮短視圖　(C)中斷視圖　(D)局部視圖。

（　）19.一般較長的物體，可將其中形狀無變化的部分中斷，斷裂處用何者表示？
　　　　(A)割面線　(B)剖面線　(C)中心線　(D)折斷線。

（　）20.若將物件與投影面不平行的部分旋轉至與投影面平行，然後繪出此部位的
　　　　視圖，稱為
　　　　(A)移轉視圖　(B)迴轉視圖　(C)旋轉視圖　(D)轉正視圖。

立體圖法

9-1 立體圖之意涵

1.立體圖

⑴立體圖為將平面的三視圖中，經觀察、組合、判斷繪製成立體圖，進而了解整個機件之結構，如圖 9-1-1 所示。

⑵立體圖可以以一個視圖表達物體之形狀及尺度。

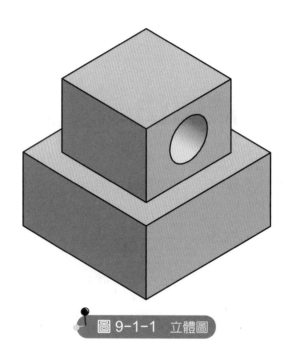

圖 9-1-1 立體圖

2.立體圖特性

⑴立體圖能將物體之形狀及其空間三度（寬度、高度、深度）三方向的尺量，同時於一個投影面上表示出來。

⑵立體圖對一位完全未受製圖訓練的人而言，最易看懂。

⑶立體圖常用於機械使用說明書、保養手冊、產品型錄。

⑷立體圖缺點為無法完整表達物體之實際尺寸及形狀。

⑸機械製圖常利用正投影，將平面視圖轉化成立體形狀。

9-2 正投影立體圖

1.等角圖

⑴凡三軸線成 120°，如圖 9-2-1 所示。

⑵且各軸線上或與軸線平行的直線上，單位線長之比為 1：1：1 者，如圖 9-2-2 所示。

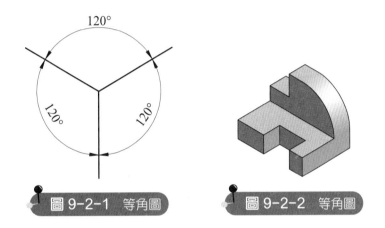

圖 9-2-1　等角圖　　　　圖 9-2-2　等角圖

2.兩等角圖

⑴三軸線間所夾的角度，其中兩角大於 90° 且相等。

⑵常用的兩角圖，其三軸線間所夾的角度及各軸線上單位線長之比如圖 9-2-3、圖 9-2-4、圖 9-2-5 所示。

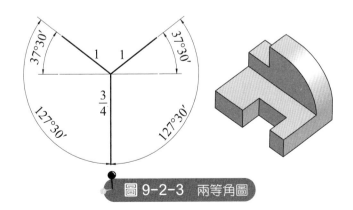

圖 9-2-3　兩等角圖

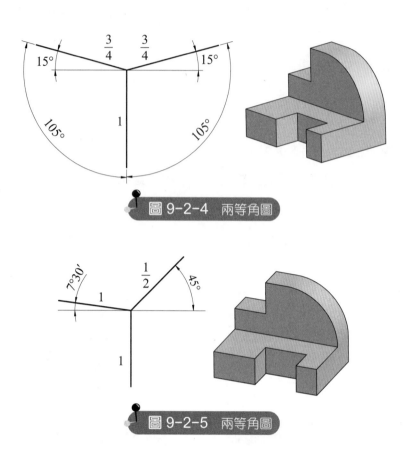

圖 9-2-4 兩等角圖

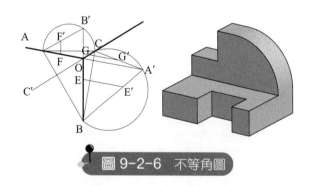

圖 9-2-5 兩等角圖

3.不等角圖

三軸線間所夾角度互不相等，如圖 9–2–6 所示。

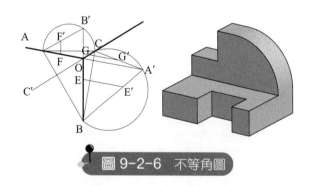

圖 9-2-6 不等角圖

9-3 斜投影立體圖

1. 等斜圖

(1)三軸線間所夾的角度，其中一角恆為 90°。

(2)各軸線上或與軸線平行的直線上單位長之比為 1:1:1，如圖 9–3–1 所示。

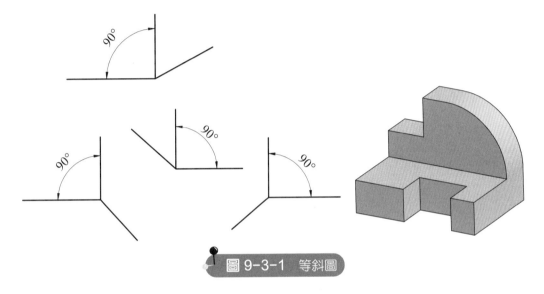

圖 9-3-1 等斜圖

2. 半斜圖

與等斜圖相同，但夾角為 90° 的兩軸線與另一軸線（或與此三軸線平行的直線上）單位線長之比為 1:1:$\frac{1}{2}$，如圖 9–3–2 所示。

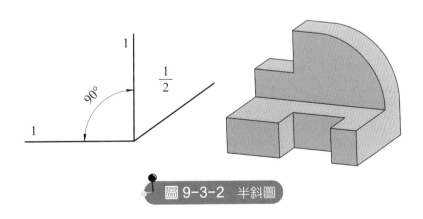

圖 9-3-2 半斜圖

9-4 透視投影立體圖

1.一點透視圖

立體三度（寬度、高度、深度）中之任二度與投影面平行，有一消失點，所得視圖稱為一點透視圖，又稱平行透視圖，如圖 9-4-1 所示。

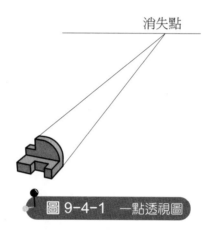

消失點

圖 9-4-1　一點透視圖

2.二點透視圖

立體三度（寬度、高度、深度）中之任一度與投影面平行，有二消失點，所得視圖稱為二點透視圖，又稱成角透視圖，如圖 9-4-2 所示。

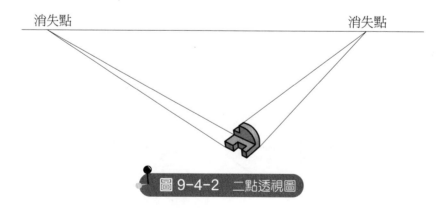

消失點　　　　　　　　　　　　　　　　　消失點

圖 9-4-2　二點透視圖

3.三點透視圖

立體三度（寬度、高度、深度）中之任何一度不與投影面平行，有三消失點，所得視圖稱為三點透視圖，又稱傾斜透視圖，如圖 9-4-3 所示。

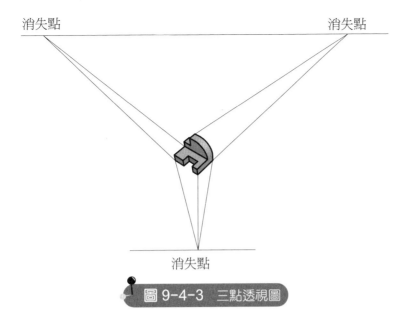

消失點　　　　　　　　　　消失點

消失點

圖 9-4-3　三點透視圖

9-5 立體正投影

1.立體正投影

　　立體正投影乃將物體旋轉，使其三面可見，而僅用一個投影面所作之正投影。

2.立體正投影分類

　⑴等角投影圖：三軸線之夾角互成等角為 120°，如圖 9-5-1 所示。

　⑵二等角投影圖：三軸線中有二軸線之夾角相等，如圖 9-5-2 所示。

　⑶不等角投影圖：三軸線之夾角互為不相等，如圖 9-5-3 所示。

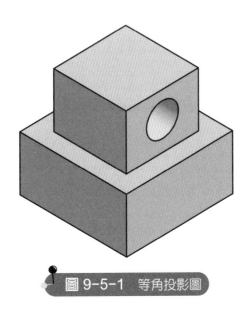

圖 9-5-1　等角投影圖

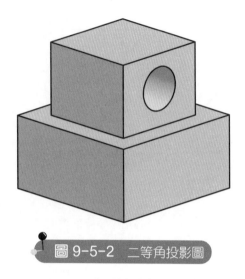

圖 9-5-2　二等角投影圖

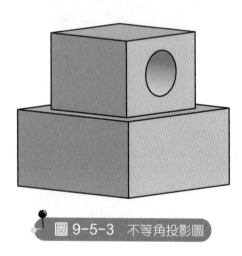

圖 9-5-3　不等角投影圖

9-6 立體剖面圖

1.立體剖面圖

立體剖面圖,其主要目的是為了讓讀圖者更容易了解機件裡面的構造,一般沒學過圖學的人也能看得懂。

2.立體剖面圖特性

立體剖面圖可將內部形狀表現出來,如圖 9-6-1 及圖 9-6-2 所示。

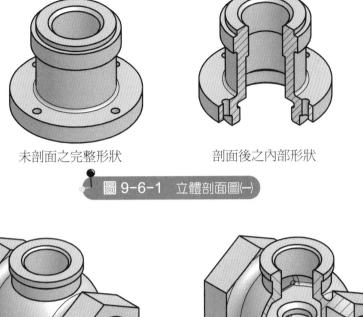

未剖面之完整形狀　　　　　　　剖面後之內部形狀

圖 9-6-1　立體剖面圖㈠

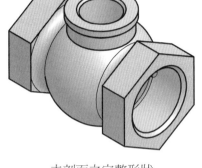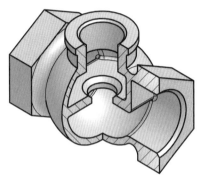

未剖面之完整形狀　　　　　　　　剖面後之內部形狀

圖 9-6-2　立體剖面圖㈡

9-7 立體系統圖

1.立體系統圖

立體系統圖是為了讓讀圖者能很快了解各零件的組合位置。

2.立體系統圖特性

立體系統圖比一般的平面組合圖更容易理解，未接受圖學訓練的人也能理解，如圖 9-7-1 所示。

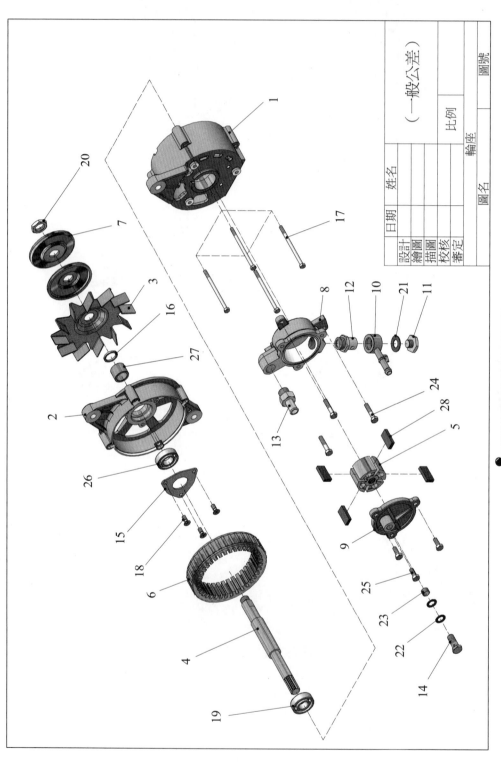

圖 9-7-1 立體系統圖

9-8 電腦 2D 繪製立體圖

1.電腦 2D 繪製立體圖步驟

⑴畫出根據物體高、寬、深三方向的全長，求得包著此物體的方箱，如圖 9-8-1 所示。

⑵畫等角軸的平行線，逐一完成各細節。

⑶由等角軸或等角線上的端點連出非等角線。

⑷繪妥完成線，去除不必要的底線。

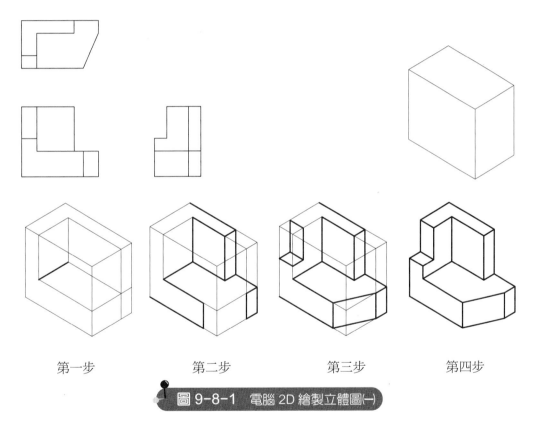

第一步　　　　　第二步　　　　　第三步　　　　　第四步

圖 9-8-1　電腦 2D 繪製立體圖㊀

2.電腦 2D 繪製立體圖注意事項

⑴物體上如有斜面，則在其等角圖中，會出現與等角軸不相平行的非等角線，在非等角線上不可按實長直接度量。

⑵前視圖中的長度，需在其對應的對角線上度量得非等角線的長度，如圖 9-8-2 所示。

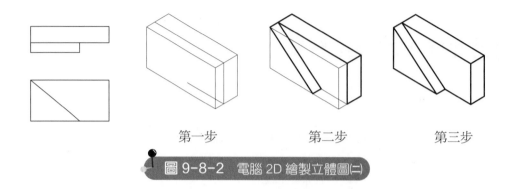

第一步　　　　　第二步　　　　　第三步

圖 9-8-2　電腦 2D 繪製立體圖㈡

9-9 電腦 3D 模型建立

1.電腦 3D 柱體模型建立

使用 Inventor 軟體為例,想要建立柱體模型,首先畫出八邊形的形狀,然後按指令擠出,輸入所要擠出的長度,即可得所要之模型,如圖 9-9-1 所示。

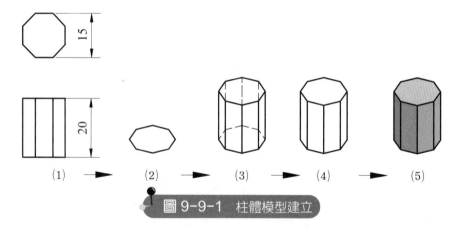

(1)　→　(2)　→　(3)　→　(4)　→　(5)

圖 9-9-1　柱體模型建立

2.電腦 3D 錐體模型建立

使用 Inventor 軟體為例,想要建立錐體模型,首先畫出圓錐一半形狀,然後按指令迴轉,輸入所要對稱軸線,即可得所要之模型,如圖 9-9-2 所示。

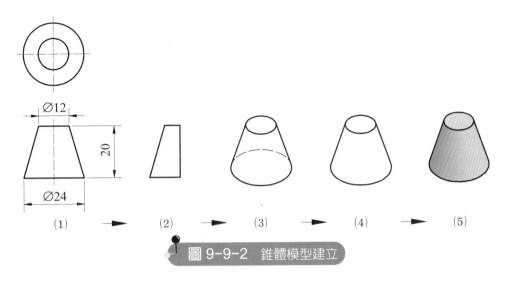

圖 9-9-2　錐體模型建立

3.電腦 3D 一般模型製作

使用 Inventor 軟體為例，想要建立模型製作，首先找最底面為基準，然後就像堆積木一樣，慢慢一塊一塊疊上去，遇到穿孔時，也是一樣，畫出幾何形狀，再進行擠出，這樣就完成了，如圖 9-9-3 所示。

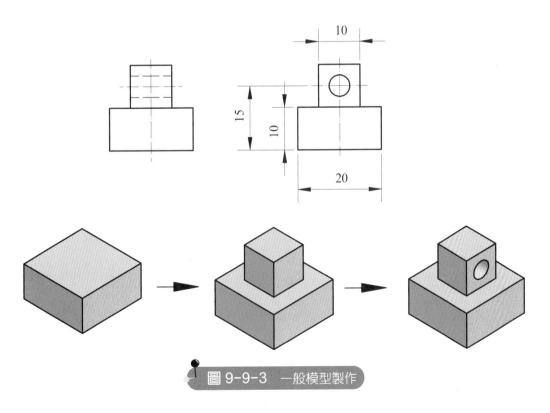

圖 9-9-3　一般模型製作

9-10 本章與 AutoCAD 關聯示範說明

1.繪製 3D 模式

⑴3D 繪製時，使用者可以選擇「3D 塑型」模式，如圖 9–10–1。

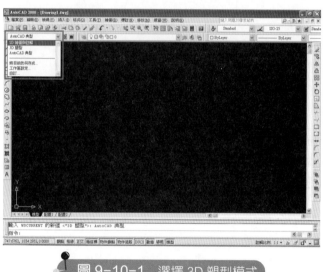

圖 9-10-1 選擇 3D 塑型模式

⑵選擇後，會有此模式設定好的常用相關功能，如圖 9–10–2。

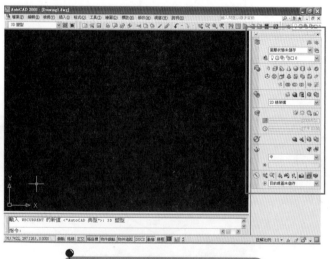

圖 9-10-2 3D 塑型常用功能

(3)此時可以先把繪圖視角，轉成使用者需求的視角，可由圖 9–10–3 中二種方式選
　　取。

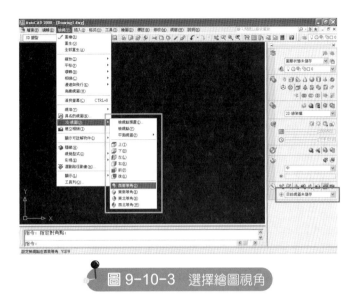

圖 9–10–3　選擇繪圖視角

(4)如此這裡先選擇西南等角 (S)，也是第一視角。可以看到左下角的座標系統已轉
　　換。

圖 9–10–4　座標系統隨使用者所選視角而轉換

2. 3D 繪製基本用法

(1)首先畫出一個四方體，可以右邊欄位，點選「方塊」的指令 ，就可以簡單的依使用者所需的尺寸繪製出。

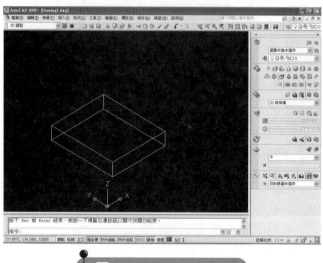

圖 9-10-5　繪製四方體

(2)當第一次使用時，點選物件，會出現如圖 9-10-6 的畫面，此時如不需再顯示，也可以勾選不再顯示，關閉。

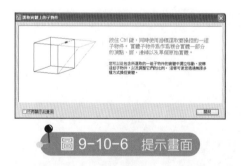

圖 9-10-6　提示畫面

⑶再來我們再畫一個三角體，先使用「楔形體」指令 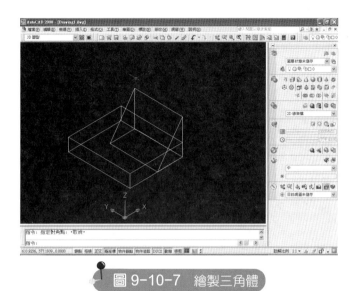，便可以簡單的繪製出。

圖 9-10-7　繪製三角體

⑷如果此時單點取三角體或四方體，會發現是二個是獨立的物件，而不是共同的
物件。

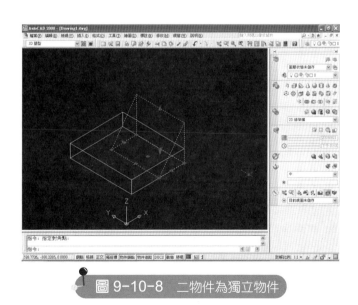

圖 9-10-8　二物件為獨立物件

⑸若使用在右邊欄位裡的布林運算的「聯集」指令 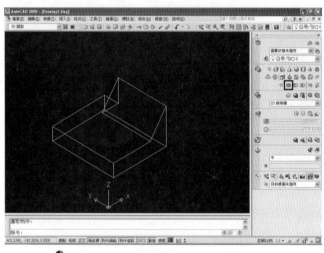 ，可使二個單獨的物件變成
單一的物件。點取此功能，再點取所要聯集的物件，其結果如圖 9–10–9 所示。

圖 9–10–9　使用聯集指令的結果

⑹若使用在右邊欄位裡的布林運算的「差集」的指令 ⑩ ，可排除不需要的部分。
此時需要小心，因為點取物件的先後順序不同，所呈現的結果會不一樣。
①如果先選三角體，再選四方體，其結果如圖 9–10–10 所示。

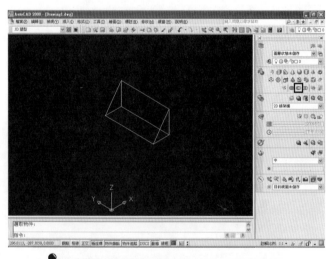

圖 9–10–10　使用差集指令的結果㈠

②如果先選四方體，再選三角體，其結果如圖 9–10–11 所示。先選的物件，就
　是需要保留的物件，後選的物件，就是不需要的地方。

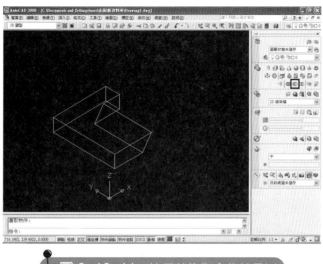

圖 9-10-11　使用差集指令的結果㈡

③在布林運算中，還有一個「交集」的指令 ⊚，就是要保留二個物件所相交的
　部分，其結果如圖 9–10–12。

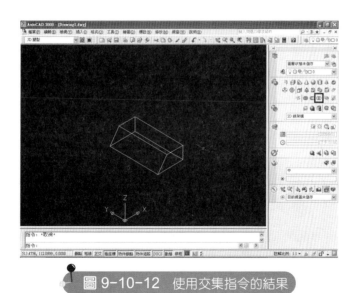

圖 9-10-12　使用交集指令的結果

3.圖 9-8-1 示範

⑴繪圖時不需要依刻板的步驟，可依使用者的想法繪製，如圖 9-8-1，可以一個一個像堆積木一樣堆積起來。

⑵步驟說明：

　①先繪製底座，再使用「按拉」指令，輸入高度。

　②繪製第二塊形狀（可先不急著「聯集」）。

　③繪製第三堆形狀，再使用「聯集」一次合併。

　④完成。

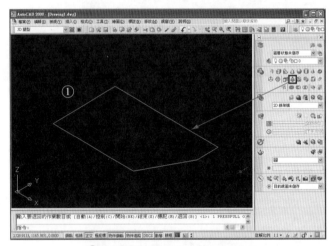

圖 9-10-13　繪製底座

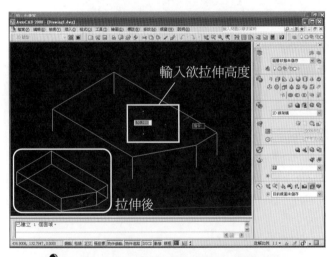

輸入欲拉伸高度

拉伸後

圖 9-10-14　使用按拉指令輸入高度

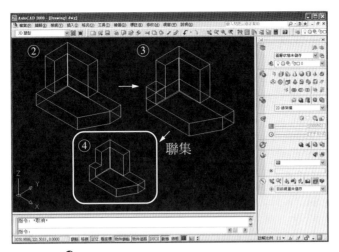

圖 9-10-15　使用聯集指令合併

〰〰〰〰〰〰〰〰〰〰〰〰〰〰〰 習　題 〰〰〰〰〰〰〰〰〰〰〰〰〰〰〰

PART A：依下列各三視圖畫出立體圖（比例 1：1）

1.

2.

3.

4.

5.

6.

7.

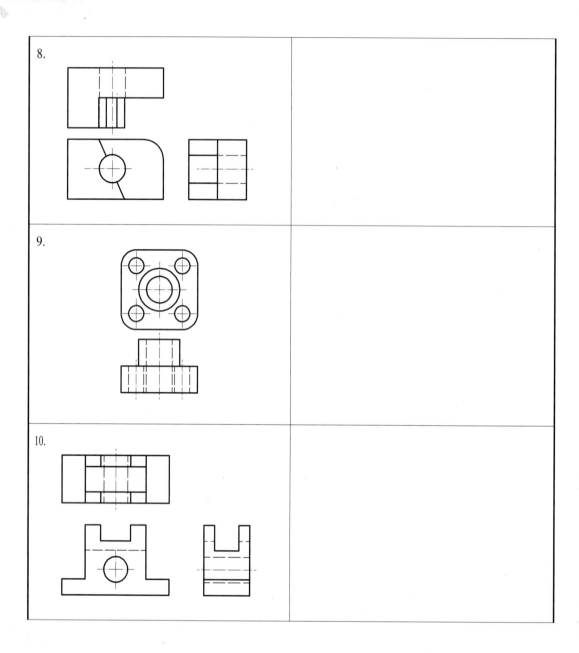

8.

9.

10.

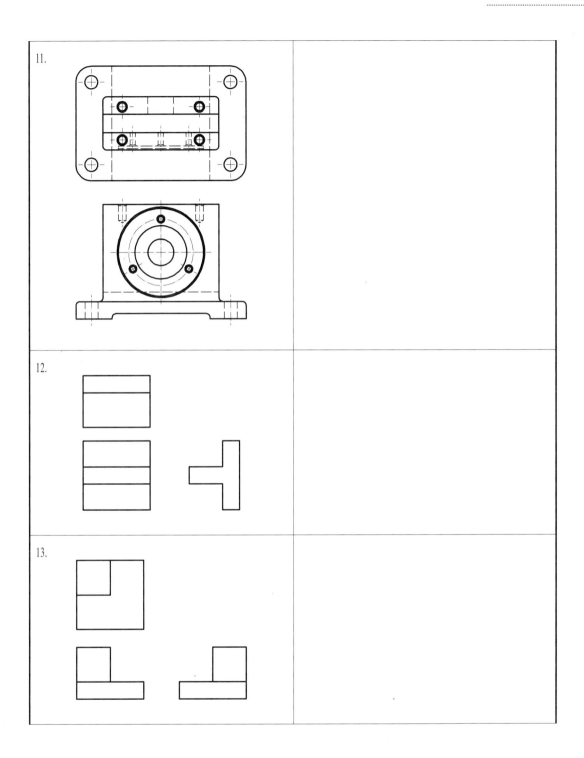

11.

12.

13.

14.

15.

16.

17.

18.

19.

20.

21.

22.

23.

24.

25.

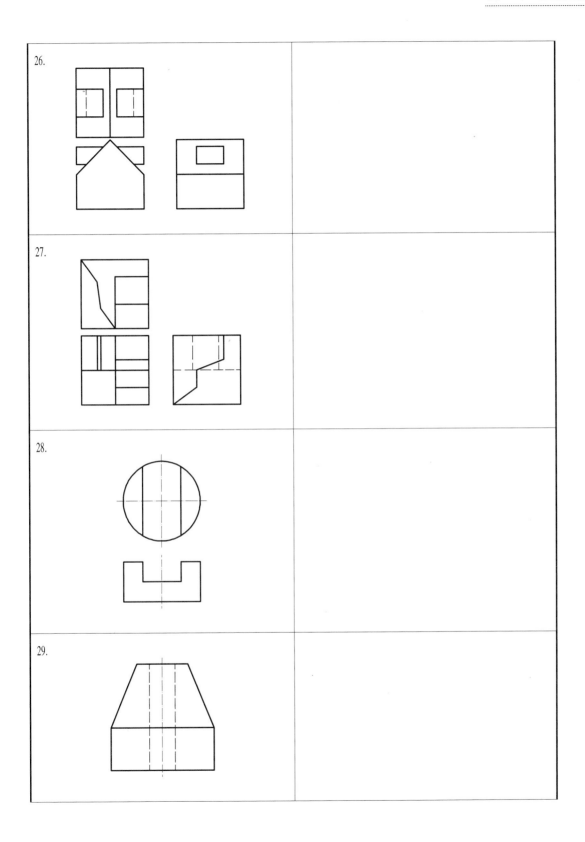

26.

27.

28.

29.

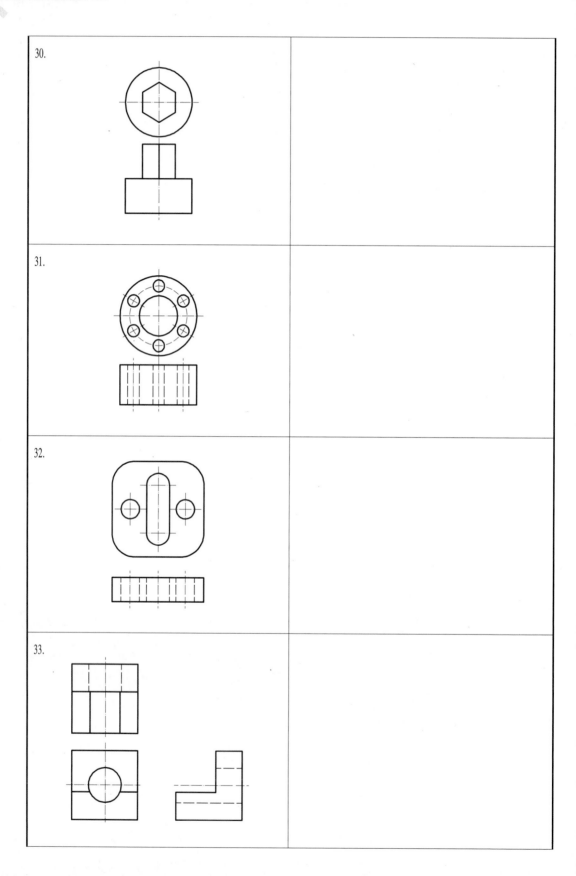

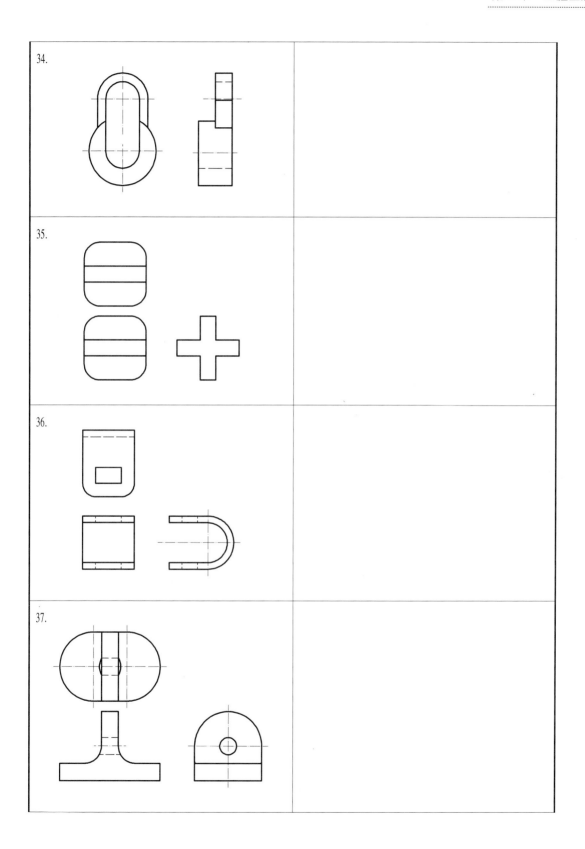

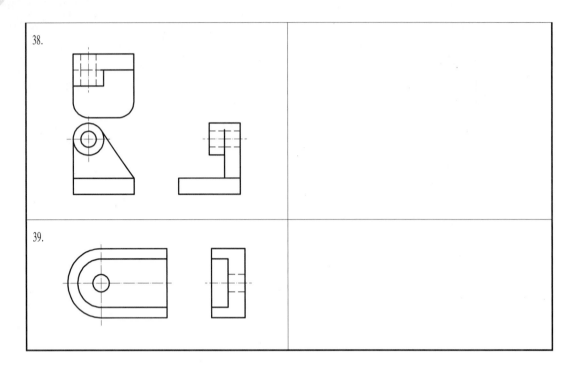

PART B

1. 何謂立體圖？

2. 試述立體圖之特性。

3. 試述正投影立體圖之分類。

4. 試述斜投影立體圖之分類。

5. 試述透視圖立體圖之分類。

6. 何謂立體剖面圖？其特性為何？

7. 何謂立體系統圖？其特性為何？

8. 簡述電腦 2D 繪製立體圖步驟。

9. 簡述電腦 3D 柱體模型建立。

10. 簡述電腦 3D 一般模型製作。

觀念評量

( )　1.關於立體圖之使用場合，下列敘述何者錯誤？

(A)工廠生產加工時使用的圖面　(B)機械使用說明書　(C)保養手冊　(D)產品型錄。

( )　2.下列何者是繪製立體圖的缺點？

(A)實長不易測量　(B)一個視圖即能表現物體　(C)一般人容易看得懂　(D)可用於立體系統裝配圖。

( )　3.下列何者不屬於正投影立體圖？

(A)等斜圖　(B)等角圖　(C)二等角投影圖　(D)不等角投影圖。

( )　4.有關平行投影，下列敘述何者錯誤？

(A)立體正投影可以作等角投影及等斜投影　(B)作斜投影時，投影線不垂直投影面　(C)作正投影時，投影線永遠垂直於投影面　(D)投影線互相平行，且交於無窮遠。

( )　5.平行透視又稱為

(A)一點透視　(B)兩點透視　(C)三點透視　(D)四點透視。

( )　6.在透視投影中，觀察者與物體間的距離保持不變，則投影面離觀察者愈遠，所得的投影

(A)愈大　(B)愈小　(C)重疊　(D)歪斜。

( )　7.在透視圖上，如物體的距離自觀察者逐漸增加時，物體便

(A)保持一樣　(B)逐漸縮小　(C)逐漸放大　(D)不成比例。

( )　8.物件在無窮遠處的透視投影為

(A)消失點　(B)視心　(C)視點　(D)駐點。

( )　9.繪製透視圖時，最佳的視覺效果大約在視角為

(A) $10°\sim20°$　(B) $20°\sim30°$　(C) $30°\sim40°$　(D) $40°\sim50°$　之間。

( )　10.繪製等角圖與等角投影圖，兩者相比較時，其為

(A)形狀不同　(B)形狀與大小均不同　(C)大小不同，而形狀相同　(D)大小相同，而形狀不同　的圖形。

( )　11.等角投影圖之等角軸的線長約為物體實際長度的

(A) $61/100$　(B) $81/100$　(C) $100/100$　(D) $120/100$。

( ) 12.有關立體圖，下列敘述何者錯誤？

(A)等角圖與等角投影圖二者大小不同而形狀相同　(B)斜投影的投射線彼此平行且與投影面成 45°，所得視圖稱為等斜圖　(C)最具真實感的立體圖是透視圖　(D)等角圖所根據的投影原理是副投影。

( ) 13.正方形的物面，在等角圖繪製法中是呈現

(A)矩形　(B)正方形　(C) 45° 菱形　(D) 60° 菱形。

( ) 14.立體正投影圖的投影步驟，是先將物體作正投影得三視圖後，再

(A)水平轉 45°，前傾 35°16′　(B)水平轉 35°16′，前傾 60°　(C)水平轉 30°，前傾 45°　(D)水平轉 45°，前傾 30°　，則前視圖同時可看到三個大小相等的座標面。

( ) 15.下列敘述何者正確？

(A)斜投影之投射線與投影面不垂直，且投射線彼此不平行　(B)正投影中，物體置於觀察者與投影面之間，是謂第三角投影法　(C)透視投影圖中，投影線互相平行　(D)正投影中，第一角投影法的右側視圖位於其前視圖的右側。

( ) 16.所謂二等角投影圖即是

(A)兩條投影線互相平行　(B)兩個投影面面積相等　(C)兩條投影線長度相等　(D)三軸所成的角度，有兩個角相等。

( ) 17.半斜圖之斜投影之投射線與投影面成

(A)平行　(B) 35°16′　(C) 45°　(D) 63°。

( ) 18.下列敘述何者正確？

(A)斜投影的投影線與投影面不垂直，且投影線彼此不平行　(B)由等角圖所得的立體圖，其三軸互為 60°　(C)物體離投影面愈遠，所得的正投影愈小　(D)正投影的原理係假設視點位於無窮遠，且投影線均互相平行並垂直於投影面。

( ) 19.物體之一面與投影面平行，而投影線與投影面傾斜，可將物體的深度顯示出來，稱為

(A)輔助視圖　(B)斜視圖　(C)透視圖　(D)剖視圖。

( ) 20.繪製斜視圖的第一規則，是物體不規則輪廓面應與投影面成

(A)垂直　(B)平行　(C) 15° 的傾斜　(D) 30° 的傾斜。

尺寸標註

10-1 一般尺寸

1.尺度

(1)利用應用幾何、徒手畫、投影原理畫出之視圖表達機件之形狀。

(2)利用尺度表達機件之大小。

(3)尺度分功能尺度、非功能尺度及參考尺度三類，如圖 10–1–1 所示。

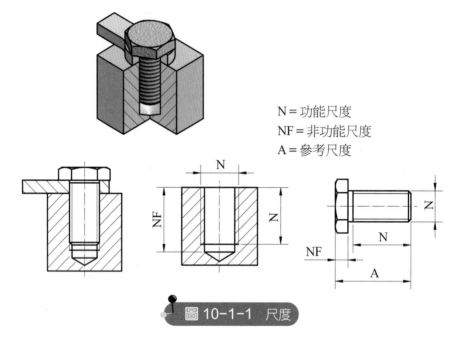

N＝功能尺度
NF＝非功能尺度
A＝參考尺度

圖 10-1-1　尺度

2.尺度之分類

(1)功能尺度：與他件組合有關者為功能尺度，因功能尺度要求之不同，其標註之方法亦有不同。35±0.05 及 25±0.05 為功能尺度，如圖 10–1–2 所示。

(2)非功能尺度：與他件組合無關者為非功能尺度，非功能尺度之標註應顧及加工與檢驗之順序與要求。

(3)參考尺度：可省略而僅供參考者為參考尺度，參考尺度不標註公差，但須加括弧，如 (35) 以示不受一般公差之約束，亦不作為驗收之依據。

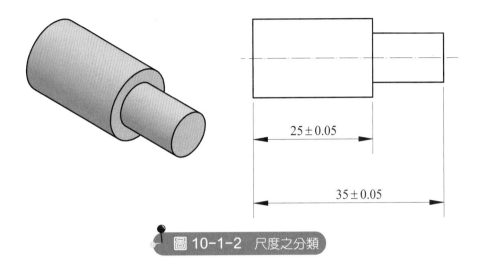

圖 10-1-2　尺度之分類

3.基本尺度規範

基本尺度規範包括尺度線、尺度界線、箭頭、指線、尺度數字、尺度單位等要素，如圖 10–1–3 所示。

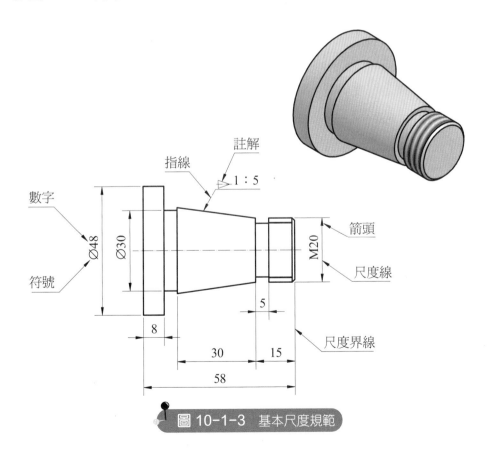

圖 10-1-3　基本尺度規範

工程與設計圖學(上)

4.尺度界線

⑴尺度界線依 CNS3 之規定，用細實線繪製，如圖 10–1–4 所示。

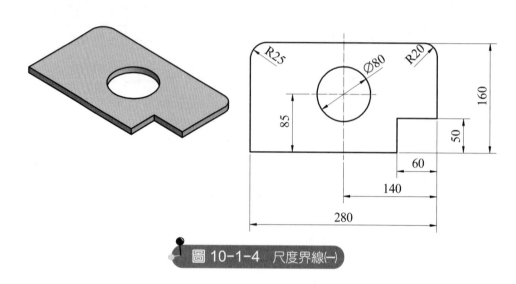

圖 10-1-4　尺度界線㈠

⑵尺度界線沿所欲標註尺度之兩端與輪廓線可留約 1 mm 之空隙延伸。

⑶輪廓線、中心線可作為尺度界線用。

⑷尺度界線如與輪廓線近似平行時，可於該尺度之兩端處引出與尺度線約成 60° 之傾斜平行線為尺度界線，如圖 10–1–5 所示。

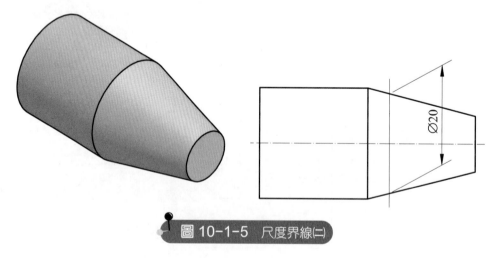

圖 10-1-5　尺度界線㈡

5.尺度線

⑴尺度線依 CNS3 之規定，用細實線繪製，如圖 10–1–6 所示。

240

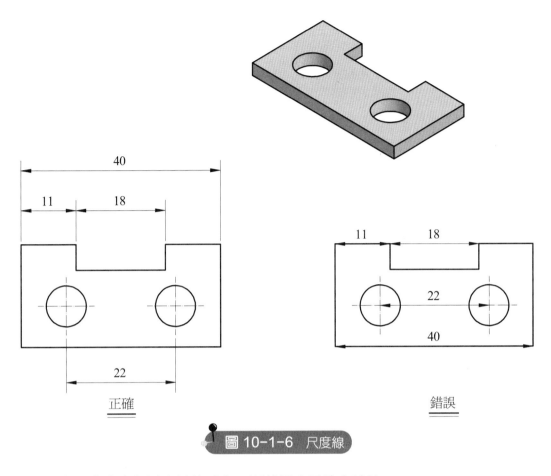

正確　　　　　　　　　　　錯誤

圖 10-1-6　尺度線

(2)通常尺度線應與尺度界線垂直，距離尺度界線末端約 2～3 mm。

(3)各尺度線之間隔約為字高之二倍，且應力求均勻。

(4)輪廓線、中心線等不可用作尺度線。

6.箭頭

(1)箭頭有兩種畫法，其形狀與尺度，如圖 10-1-7 所示。

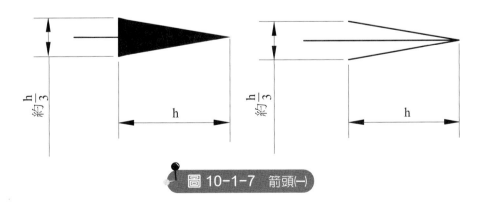

圖 10-1-7　箭頭㈠

(2)箭頭 h 為標註尺度數字之字高，箭頭須繪於尺度線之兩端，

(3)尺度過小時，可將箭頭移至尺度界線外側，如相鄰兩尺度皆狹擠時，可用清楚的小圓點代替相鄰之兩箭頭，如圖 10–1–8 所示。

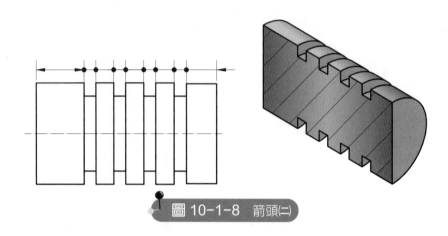

圖 10-1-8　箭頭㈡

7.指線

(1)指線僅專用於註解，不得用以標註尺度，如圖 10–1–9 所示。

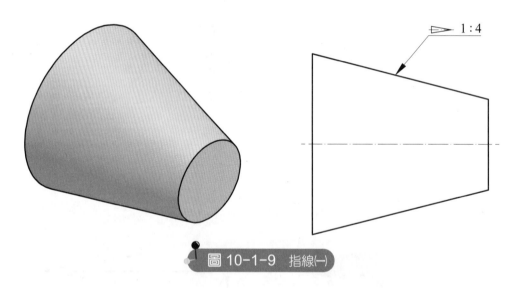

圖 10-1-9　指線㈠

(2)指線依 CNS3 之規定，用細實線繪製，與水平線約成 45° 或 60°，盡量避免與尺度線、尺度界線或剖面線平行。

(3)指線指示端帶有箭頭，尾端為一水平線，註解寫在水平線之上方，水平線約與註解等長，如圖 10–1–10 所示。

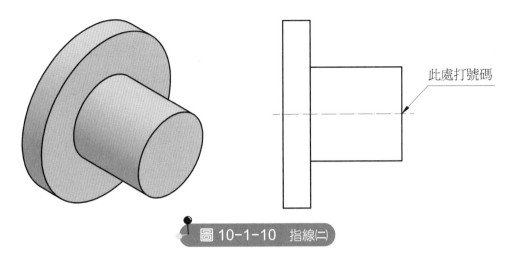

圖 10-1-10　指線㈡

⑷註解可寫成多層，其指示端則接在最下層，如圖 10-1-11 所示。

安裝後焊接固定

安裝後焊接固定

圖 10-1-11　指線㈢

8.尺度數字

尺度數字高度依 CNS3 之規定，如表 10-1-1 所示。

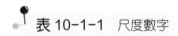

表 10-1-1　尺度數字

應　　用	圖紙大小	最小字高		
		中文字	拉丁字母	阿拉伯數字
標　　題 圖號件數	A0、A1	7	7	7
	A2、A3、A4	5	5	5
尺度註解	A0、A1	5	3.5	3.5
	A2、A3、A4	3.5	2.5	2.5

9.尺度單位

⑴圖中公制以 mm 為單位。

⑵所用單位完全相同時，可將單位填入標題欄中，圖中不需標註。

⑶如有少數尺度單位不同時，則必須將該單位寫在尺度數字之後。

243

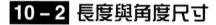

10-2 長度與角度尺寸

1.長度尺度數字之位置與方向

(1)尺度數字寫在尺度線之上方約 1 mm 之位置，尺度線不得中斷。

(2)尺度數字以朝上與朝左為原則，如圖 10-2-1 所示。

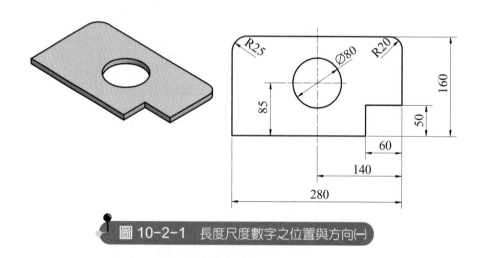

圖 10-2-1　長度尺度數字之位置與方向(一)

(3)尺度數字應垂直尺度線且順著尺度線橫書，但直立與傾斜之尺度數字書寫方向應注意，如圖 10-2-2 所示。

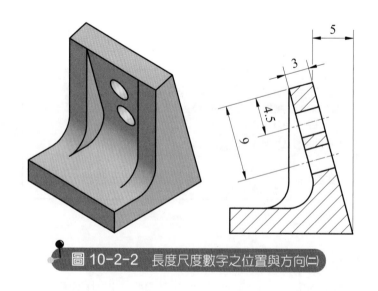

圖 10-2-2　長度尺度數字之位置與方向(二)

2.狹窄部位之尺度

⑴狹窄部位之尺度，箭頭畫在尺度界線之外側。不中斷，尺度數字寫在尺度線上方，如圖 10-2-3 所示。

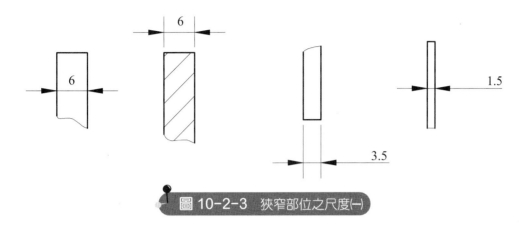

圖 10-2-3 狹窄部位之尺度㈠

⑵若有多個連續狹窄部位在同一尺度線上，其尺度數字應分為高低兩排交錯書寫，如圖 10-2-4 所示。

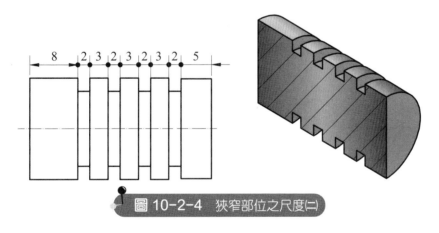

圖 10-2-4 狹窄部位之尺度㈡

⑶狹窄部位可用局部放大視圖表示之，如圖 10-2-5 所示。

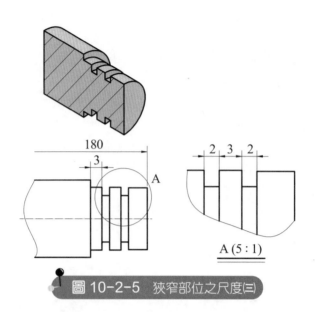

圖 10-2-5　狹窄部位之尺度㈢

3.稜角消失部位之尺度標註

⑴機件之稜角因圓角或去角而消失時，其尺度仍應標註於原有之稜角上。

⑵此稜角須用細實線繪出，如圖 10-2-6 所示。

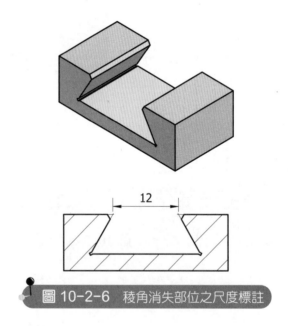

圖 10-2-6　稜角消失部位之尺度標註

4.角度數字之位置與方向

角度數字之位置標註於尺度線上方為宜，如圖 10-2-7 所示。

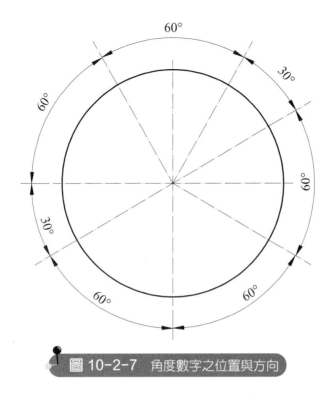

圖 10-2-7　角度數字之位置與方向

5. 角度之尺度線

⑴ 角度之尺度線為一圓弧。

⑵ 角度之尺度線圓心為該角之頂點，如圖 10-2-8、圖 10-2-9、圖 10-2-10 所示。

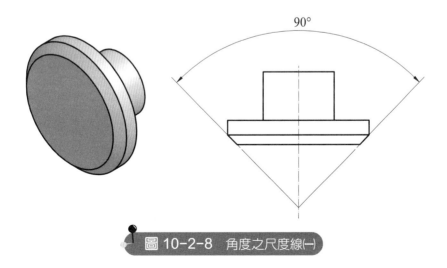

圖 10-2-8　角度之尺度線㈠

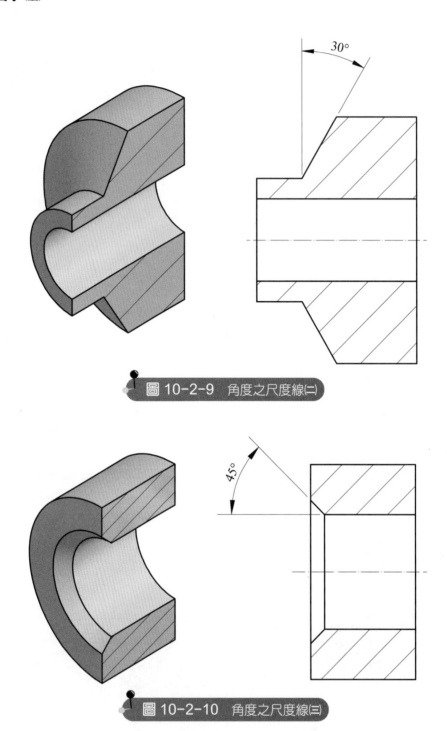

圖 10-2-9　角度之尺度線(二)

圖 10-2-10　角度之尺度線(三)

⑶為清晰起見，角度盡量標註於輪廓線之外側，故有時須標註於對頂角方向，如
圖 10-2-11 所示。

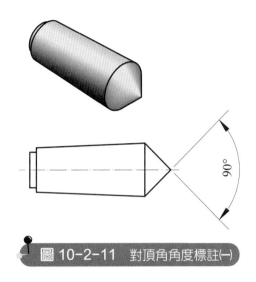

圖 10-2-11　對頂角角度標註㈠

⑷地位狹窄時亦同，如圖 10-2-12 所示。

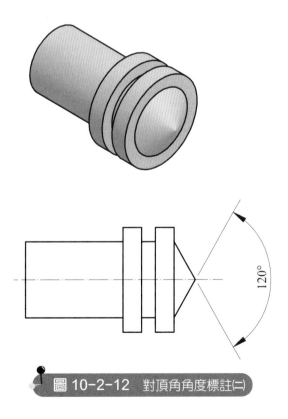

圖 10-2-12　對頂角角度標註㈡

10-3 直徑、半徑、球面與弧長尺寸

1.直徑符號

⑴直徑符號以 "∅" 表示，其高度、粗細與數字相同。

⑵寫在直徑數字前面，符號中的直線與尺度線約成 75°，其封閉曲線為一正圓形。

⑶標註直徑時，必須加註 "∅" 不得省略，如圖 10-3-1 所示。

圖 10-3-1　直徑符號

2.直徑標註法

⑴凡圓或大於半圓之圓弧，應標註其直徑。半圓得標註直徑或半徑。

⑵全圓之直徑以標註於非圓形之視圖上為原則，如圖 10-3-2 所示。

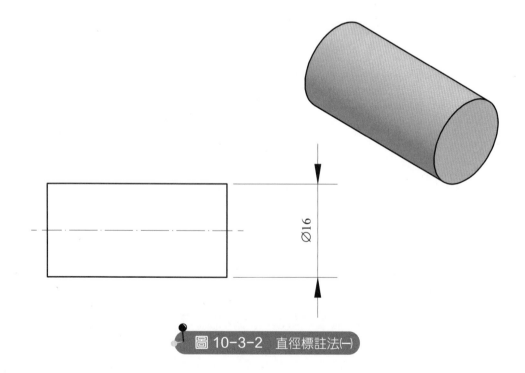

∅16

圖 10-3-2　直徑標註法㈠

⑶當孔位圓或僅有圓形視圖時，直徑尺度則標註於圓形視圖上，如圖 10–3–3 所示。

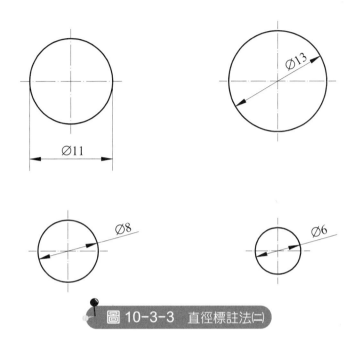

圖 10-3-3　直徑標註法㈡

⑷由圓周所引出之尺度界線必須平行於該圓之中心線，如圖 10–3–4 所示。

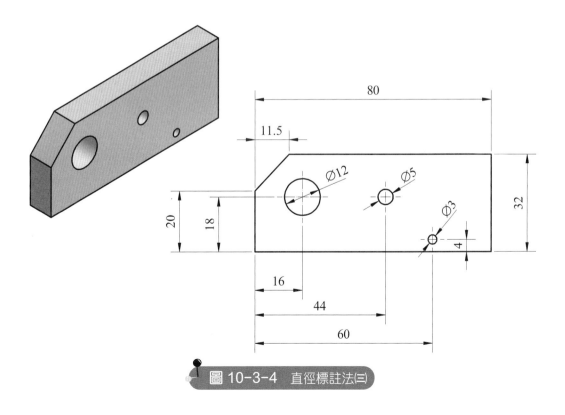

圖 10-3-4　直徑標註法㈢

(5)半圓或半圓以上之圓弧，直徑尺度必須標註於圓形視圖上，如圖 10-3-5 所示。

圖 10-3-5　直徑標註法㈣

(6)如為半視圖或半剖視圖時，其省略之一半，可不畫尺度界線及尺度線上一端之箭頭，但其尺度線之長必須超過圓心，如圖 10-3-6 所示。

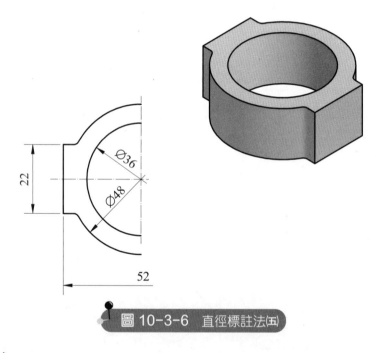

圖 10-3-6　直徑標註法㈤

3. 半徑符號

(1)半徑符號以 "R" 表示，其高度與數字相同，寫在半徑數字前面。

(2)標註半徑時，必須加註 "R"，不得省略，如圖 10-3-7 所示。

圖 10-3-7　半徑符號

4.半徑標註法

⑴半徑尺度線應以畫在圓心及圓弧之間為原則，用一個箭頭，指在圓弧上，如圖
10–3–8 所示。

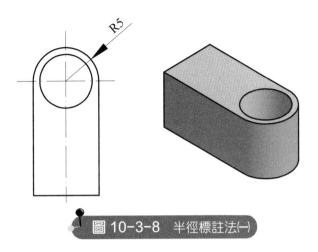

圖 10-3-8　半徑標註法㈠

⑵圓弧之半徑太大時，則半徑之尺度線可以縮短，但必須對準圓心，如圖 10–3–9
所示。

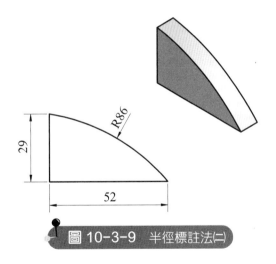

圖 10-3-9　半徑標註法㈡

⑶圓弧之半徑太小時，則半徑之尺度線可以伸長，或畫在圓弧外側，但必須通過
圓心或對準圓心，如圖 10–3–10 所示。

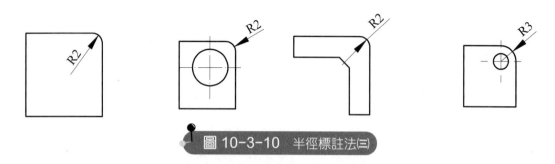

圖 10-3-10　半徑標註法(三)

(4)當半徑很大,圓心離圓弧很遠,而必須標註圓心之位置時,可將圓心移近,並將尺度線轉折,帶箭頭之一段尺度線必須對準原來圓心,另一段與此段平行為原則,半徑尺度數字及符號必須標註在帶箭頭之一段上,如圖 10-3-11 所示。

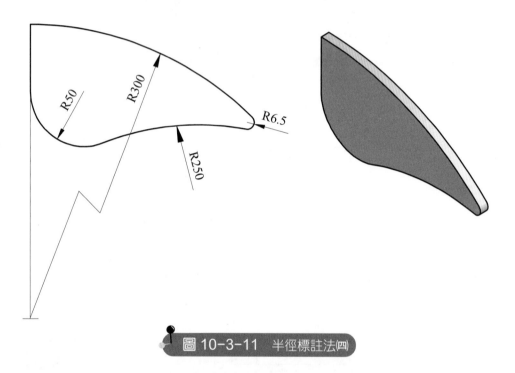

圖 10-3-11　半徑標註法(四)

5.球面符號

(1)球面符號以 "S" 表示,其高度、粗細與數字相同,畫在 R 或 ∅ 符號前面。

(2)例如 SR10 表示球半徑 10。S∅25 表示球直徑 25。

6.球面標註法

球面符號後的 R 或 ∅ 符號不得省略,如圖 10-3-12 所示。

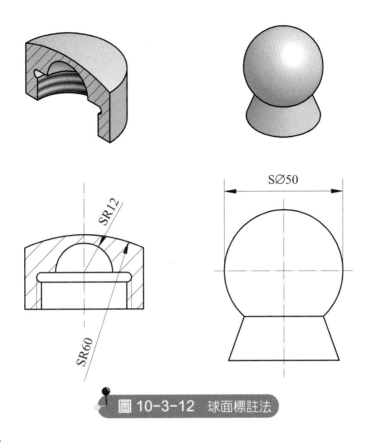

圖 10-3-12　球面標註法

7.弧長符號

⑴弧長符號以 " ⌒ " 表示，畫在尺度數字上方。

⑵弧長符號粗細與數字相同，其長度涵蓋尺度數字，如圖 10-3-13 所示。

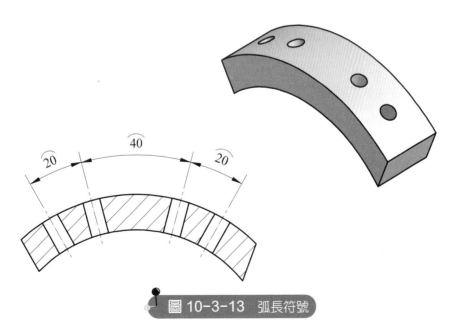

圖 10-3-13　弧長符號

8.弧長標註法

⑴弧長之尺度線為一段圓弧，與弧線用同一圓心，若只標註一個非連續弧長且圓心角小於 90° 時，弧長之兩尺度界線互相平行，如圖 10-3-14 所示。

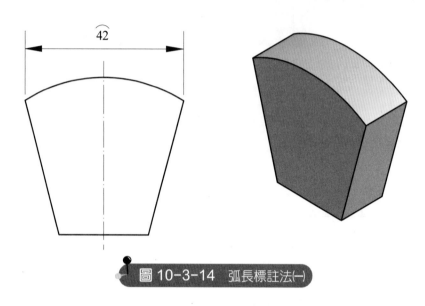

圖 10-3-14　弧長標註法(一)

⑵在其他情形，使用半徑之延長線作為尺度界線，此時有兩個以上同心圓弧時，則須用箭頭明示弧長之尺度數字所指之弧，如圖 10-3-15 所示。

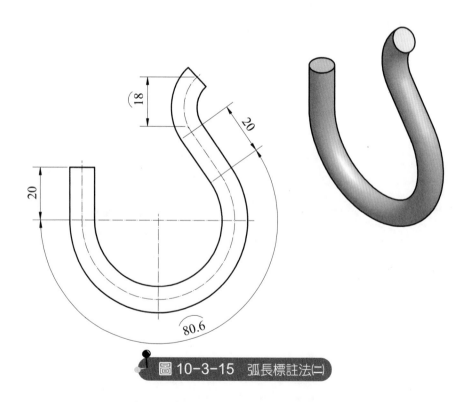

圖 10-3-15　弧長標註法(二)

10–4 去角、方形、板厚、錐度與斜度標註

1.去角標註

(1)去角非 45° 者，如圖 10–4–1 所示。

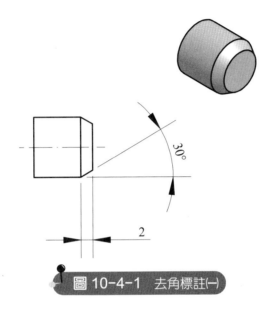

圖 10-4-1　去角標註(一)

(2)去角為 45° 者，可省略不標註，如圖 10–4–2 所示。

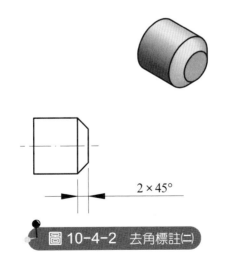

圖 10-4-2　去角標註(二)

2.方形標註

⑴方形符號以 "□" 表示。其高度約為數字之 3/2，如圖 10-4-3 所示。

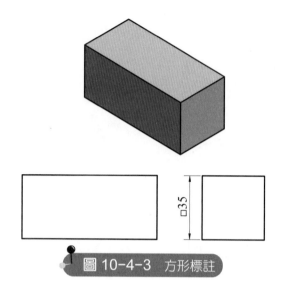

□35

圖 10-4-3 方形標註

⑵粗細與數字相同，寫在邊長數字前面。

⑶並以標註於方形的視圖上為原則。

3.板厚標註

⑴標示板料厚度可於視圖內部或外部之適當位置。

⑵以尺度數字前加 "t" 表示之，如圖 10-4-4 所示。

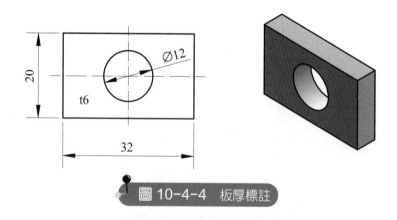

∅12

20

t6

32

圖 10-4-4 板厚標註

4.錐度之定義

⑴錐度為錐體兩端直徑差與其長度之比值，如圖 10-4-5 所示。

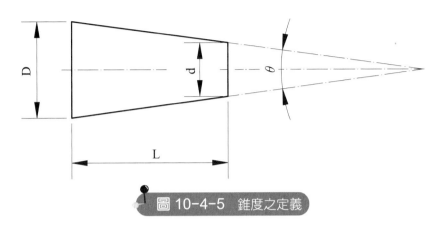

圖 10-4-5　錐度之定義

⑵公式：$T = \dfrac{D - d}{L} = 2 \tan \dfrac{\theta}{2}$。

⑶錐度 1:10 即表示沿軸向每前進 10 個單位，直徑即減小 1 個單位。

5.錐度符號

⑴錐度之符號以 " ▷ " 表示，符號之高、粗細與數字相同符號水平方向之長度約為其高之 1.5 倍。

⑵符號尖端恆指向右方，如圖 10-4-6 所示。

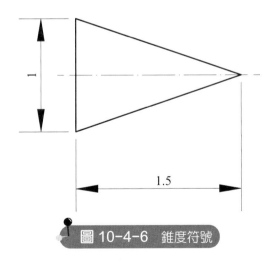

圖 10-4-6　錐度符號

6. 錐體標註法

(1)使用錐度符號之標註法,如圖 10-4-7 所示。

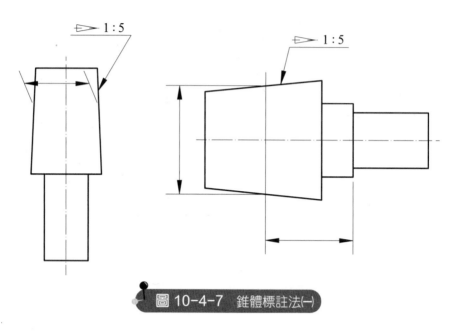

圖 10-4-7　錐體標註法(一)

(2)不使用錐度符號之標註法:依一般尺度標註法標註,如圖 10-4-8 所示。

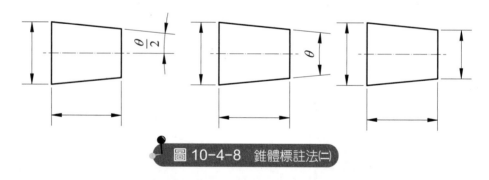

圖 10-4-8　錐體標註法(二)

(3)特殊規定之錐度:如莫氏錐度、公制錐度等。則錐度符號之後寫其代號以代替比值,例如 MT3、BS2 等,如圖 10-4-9 所示。

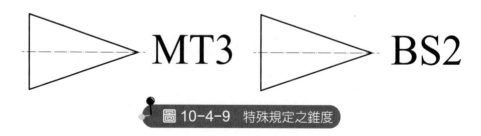

圖 10-4-9　特殊規定之錐度

7.斜度之定義

⑴斜度為兩端高低差與其長度之比值，如圖 10–4–10 所示。

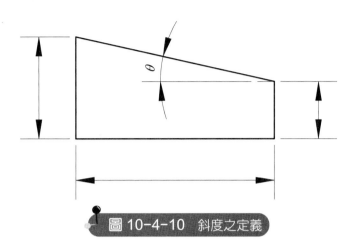

圖 10-4-10　斜度之定義

⑵公式：$T = \dfrac{H-h}{L} = \tan\theta$。

8.斜度符號

⑴斜度之符號以 "◿" 表示，符號之高約為數字之半，粗細與數字相同。

⑵斜度符號水平方向之長度，約為其高之三倍，尖角約為 15°，符號之尖端恆指向右方繪法，如圖 10–4–11 所示。

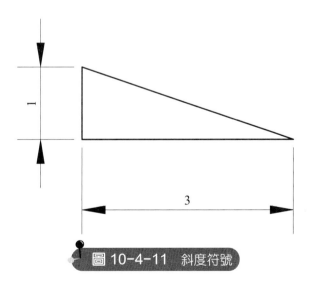

圖 10-4-11　斜度符號

9.斜度標註法

斜度之尺度標註，如圖 10–4–12 所示。

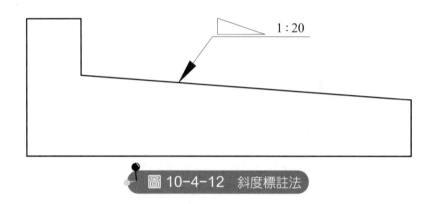

1 : 20

圖 10-4-12　斜度標註法

10 – 5　不規則曲線尺寸

1.不規則曲線

機件有許多不為直線或圓弧之曲線稱之為不規則曲線。

2.不規則曲線標註

⑴坐標軸線方式標註：此種標註方法即應用基準線之標註方法，如圖 10–5–1 所示。

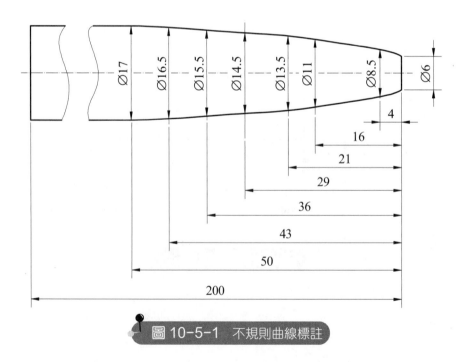

圖 10-5-1　不規則曲線標註

(2)支距之方式標註：不規則曲線之尺度亦可用支距之方式標註，如圖 10–5–2 所示。

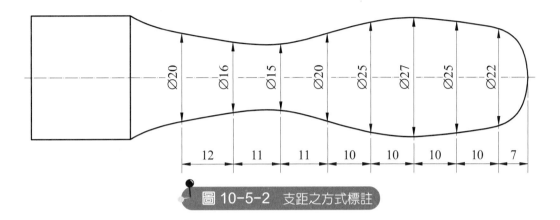

圖 10-5-2　支距之方式標註

10－6 比　例

1.比例定義

(1)圖面尺寸與實物尺寸之比值，稱為比例。

(2)某機件某部位尺寸為 20 mm（實物尺寸），而繪於圖紙上之大小為 10 mm（圖面尺寸），則：

$$比例 = \frac{圖面尺寸}{實物尺寸} = \frac{10}{20} = \frac{1}{2}$$，記作 $1:2$ 或 $\frac{1}{2}$

(3)若為面積比例則為長度比例尺之平方。

$$面積比例 = \frac{圖面面積}{實物面積} = (比例尺)^2$$

2.常用比例

(1)常用比例以 2、5、10 倍數之比例為常用者。

(2)常用比例，如表 10–6–1 所示。

表 10-6-1　常用比例

種　類	特　性	比　　例	讀　法
全　尺 (足尺)	實大比例	$1:1$ 或 $\frac{1}{1}$	$1:1$ 讀成 1 比 1
縮　尺	縮小比例	$\frac{1}{2}, \frac{1}{2.5}, \frac{1}{4}, \frac{1}{5}, \frac{1}{10}, \frac{1}{20}, \frac{1}{50}, \frac{1}{100}, \frac{1}{200}, \frac{1}{500}, \frac{1}{1000}$	$\frac{1}{20}$ 讀成 1 比 20
倍　尺	放大比例	$\frac{2}{1}, \frac{5}{1}, \frac{10}{1}, \frac{20}{1}, \frac{50}{1}, \frac{100}{1}$	$\frac{50}{1}$ 讀成 50 比 1

3.比例之標註注意事項

　　全張圖以一種比例繪製為原則，並在標題欄內註明該圖所用之比例。若有必要在一張圖中用到他種比例時，應在所屬視圖正下方另行註明，如圖 10-6-1 所示。

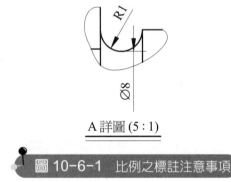

A詳圖 (5:1)

圖 10-6-1　比例之標註注意事項

10-7 尺寸之選擇與安置

1.尺度之選擇

⑴相同形態之尺度

　　當機件上有多個相同形態（如孔等），只選其一標註尺度，如圖 10-7-1 所示孔之直徑。

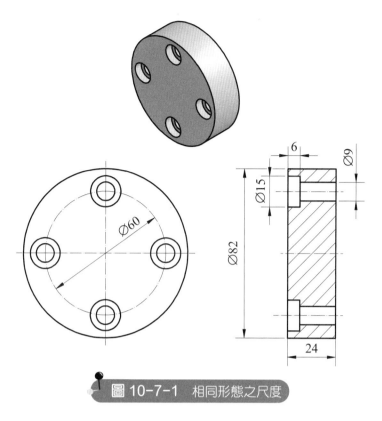

圖 10-7-1　相同形態之尺度

⑵對稱形態之尺度

完全對稱之機件，以中心線為基準線，可以省略位置尺度，，如圖 10-7-2 所示。

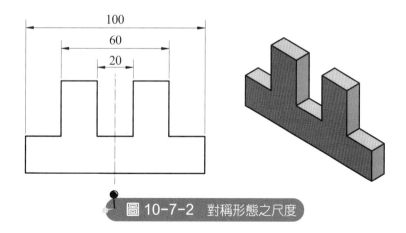

圖 10-7-2　對稱形態之尺度

(3)重複之尺度

　　一個尺度在某一視圖上標註一次即可，不得在另一視圖上再次出現，否則即有重複之尺度，如圖 10–7–3 所示。

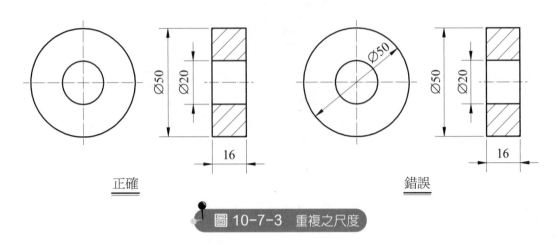

正確　　　　　　　　　　　　　　　　錯誤

圖 10-7-3　重複之尺度

(4)多餘之尺度

　　①若某一形態之大小或位置可有二種或二種以上之尺度方式標註時，只許選用一種方式標註，其他省略，否則即有多餘之尺度，如圖 10–7–4 所示。

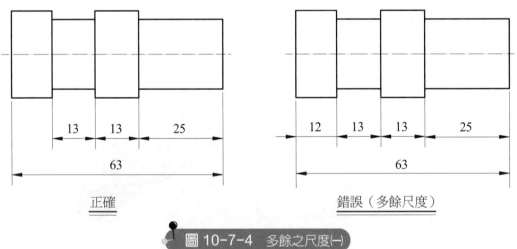

正確　　　　　　　　　　　　　　錯誤（多餘尺度）

圖 10-7-4　多餘之尺度(一)

②如多餘之尺度供參考用者，須將該尺度加括弧以區別之，如圖 10-7-5 所示。

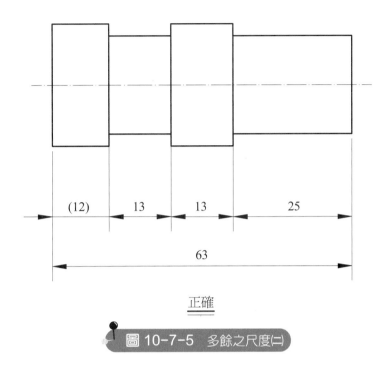

正確

圖 10-7-5　多餘之尺度㈡

⑸內部尺度與外部尺度

　　內部尺度應標註在視圖之同一側，外部尺度則標註在另一側，如圖 10-7-6 所示。

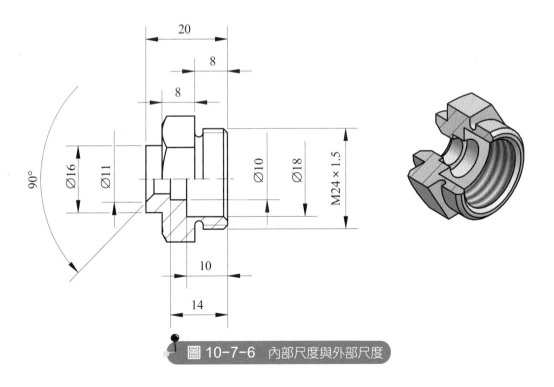

圖 10-7-6　內部尺度與外部尺度

2.尺度之安置

(1)尺度之排列：

①尺度應盡量標註在視圖之外，如圖 10–7–7 所示。

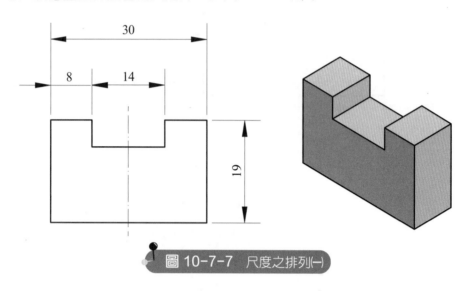

圖 10-7-7　尺度之排列㈠

②尺度應盡量標註在視圖與視圖之間，如圖 10–7–8 所示。

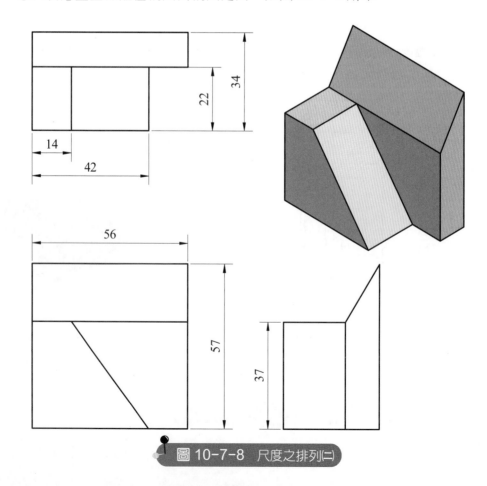

圖 10-7-8　尺度之排列㈡

③向視圖外由小至大順序排列，如圖 10-7-9 所示。

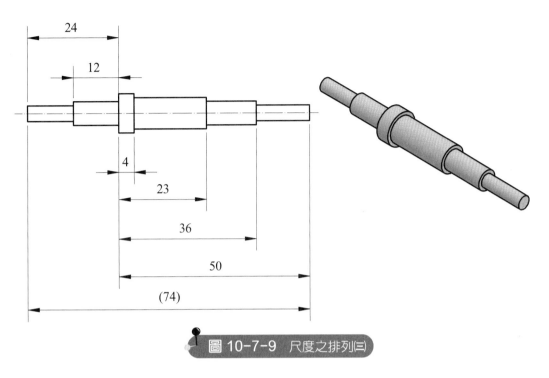

圖 10-7-9　尺度之排列㈢

④非必要時，尺度線與尺度界線應避免交叉。

⑤尺度線之層數不宜過多，可在同一層上標註尺度，如圖 10-7-10 所示。

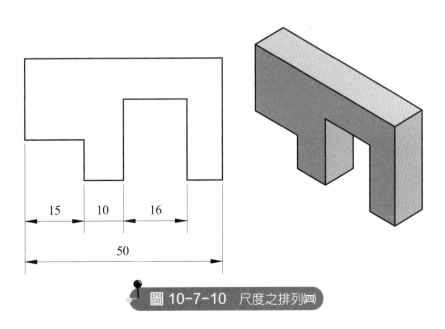

圖 10-7-10　尺度之排列㈣

⑥如遇尺度界線延伸過長或為清晰起見，可將尺度標註於視圖內，如圖 10–7–11 所示。

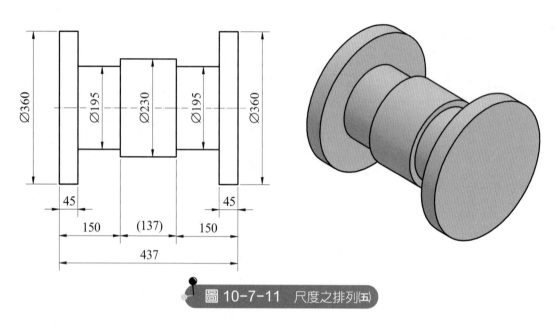

圖 10-7-11　尺度之排列(五)

⑦與線條相交之尺度數字：尺度數字及符號應避免與剖面線或中心線相交。如不可避免時，前述線條應中斷讓開，如圖 10–7–12 所示。

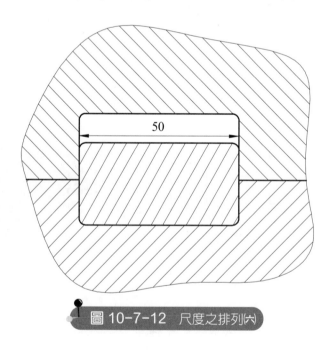

圖 10-7-12　尺度之排列(六)

⑵尺度之基準標註

①為加工之需要，常以機件之某面為基準，而將各尺度從此基準面標註之，如圖 10-7-13 所示。

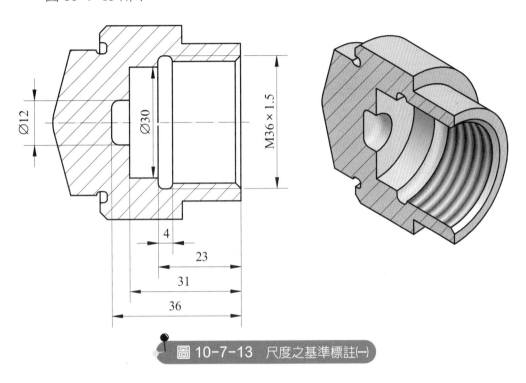

圖 10-7-13　尺度之基準標註㈠

②亦以中心線為基準，如圖 10-7-14 所示。

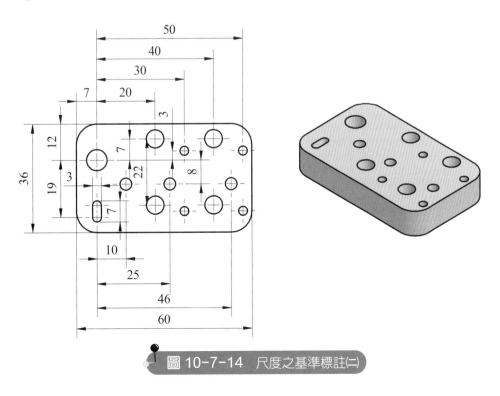

圖 10-7-14　尺度之基準標註㈡

③基準面與基準線兩者兼用，如圖 10–7–15 所示。

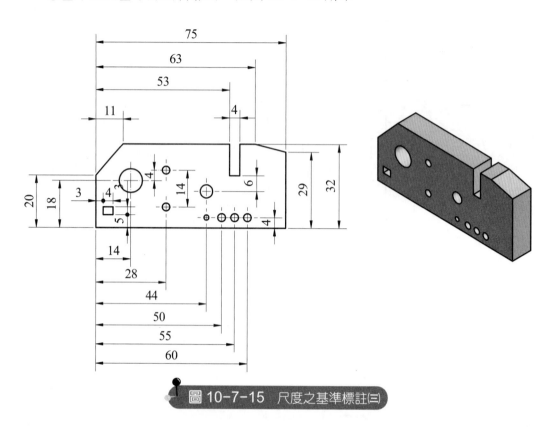

圖 10-7-15　尺度之基準標註㈢

⑶尺度之基準之簡化

　　為減少尺度線之層數，當採用一個基準面（線）時，可用單一尺度線，而以基準面（線）為起點，用小圓點表示之，各尺度以單向箭頭標註，尺度數字沿尺度界線之方向寫在末端，如圖 10–7–16、圖 10–7–17 所示。

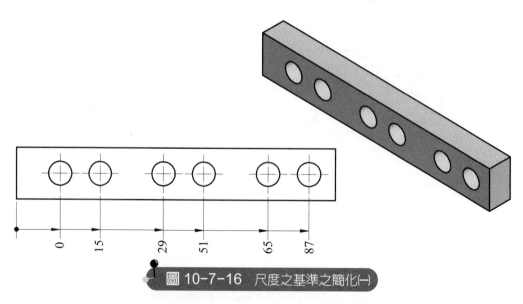

圖 10-7-16　尺度之基準之簡化㈠

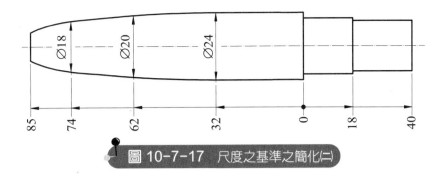

圖 10-7-17　尺度之基準之簡化(二)

10-8　註　解

1.註解

　　註解是用國字書寫，指示尺度以外之事項，例如特殊處理、指示加工順序等；註解的型式有多種。

2.註解分類

　(1)圖內註解：註解於視圖內，常指示加工所需的局部說明、注意事項，例如：局部熱處理，商標打印等。

　(2)標題欄內註解：註解於備註欄內，提供該工件注意事項、資料。例如：熱處理硬度值、電鍍處理等。

　(3)公差註解：註解於視圖以外清楚的位置，提供公用事項或資料。例如：全面加工、內外圓角大小、全面去毛邊、通用公差值等。

10-9　本章與 AutoCAD 關聯示範說明

1.尺度標註型式

　(1)由格式 (O) →標註型式 (D)，開啟「標註型式管理員」。

　(2)②是目前所設定的標註型式的預覽樣式。

　(3)在③可依使用者需求新增或修改樣式。

圖 10-9-1　尺度標註型式

2.圖 10-1-6 標註示範

⑴選擇①「線性」指令，再點取 a、b 二點。再選②「基線式」指令，點取 a、d 二點。

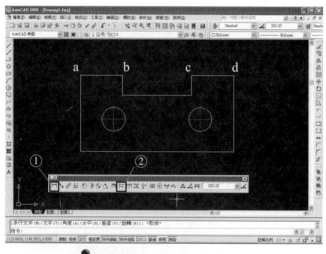

圖 10-9-2　尺度標註㈠

⑵再選③「連續式」指令，輸入 s（選取）標註 11 為基準，在點取 c 點，其結果
　如圖 10–9–4 所示。

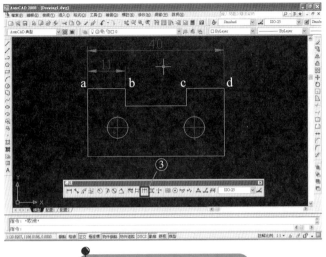

圖 10-9-3　尺度標註㈢

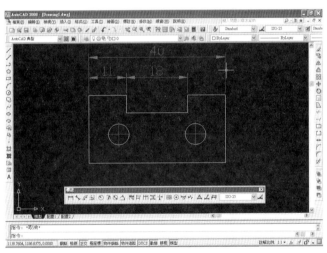

圖 10-9-4　完成尺度標註

〰〰〰〰〰〰〰〰〰〰〰〰〰〰〰〰〰〰〰 習　題 〰〰〰〰〰〰〰〰〰〰〰〰〰〰〰〰〰〰〰

PART A：尺度標註與註解（比例 1:1）

1.將左邊所示尺寸直接標在右邊圖形上。

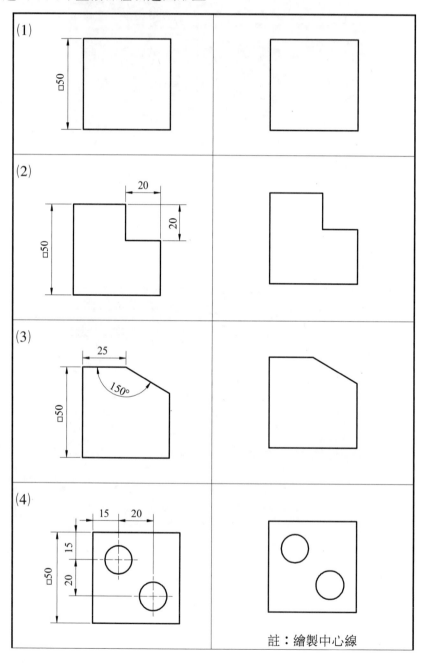

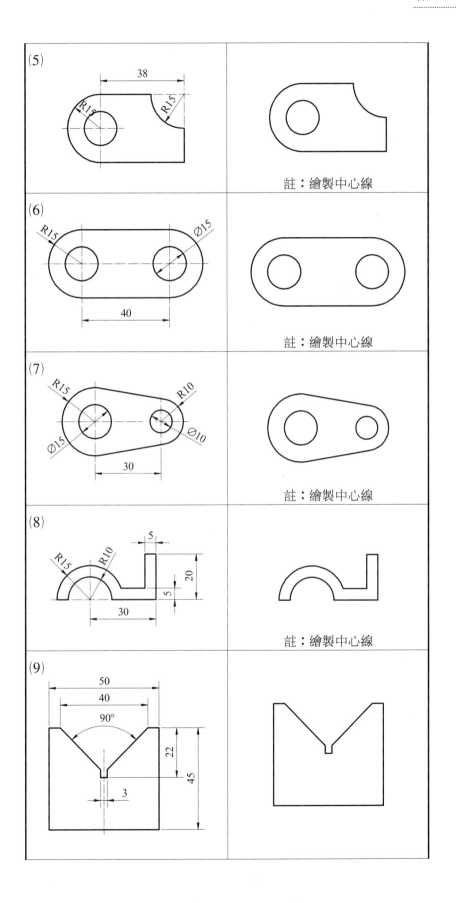

(5)

38

R15

R15

註：繪製中心線

(6)

R15

Ø15

40

註：繪製中心線

(7)

R15

R10

Ø15

Ø10

30

註：繪製中心線

(8)

5

R15

R10

20

5

30

註：繪製中心線

(9)

50

40

90°

22

45

3

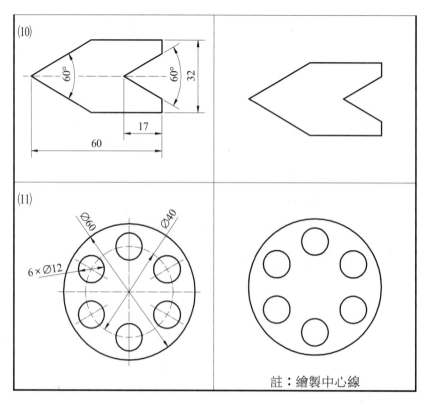

2.依圖所示尺寸畫出下列各圖。

(1)

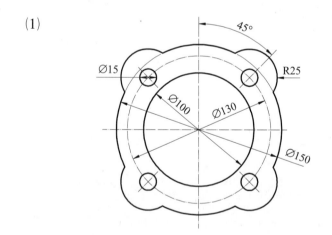

(2)

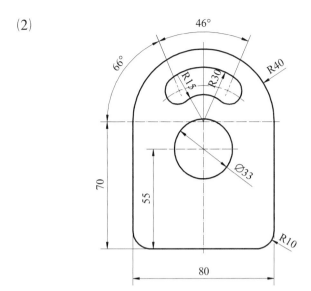

(3)

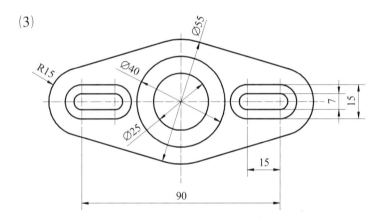

(4)

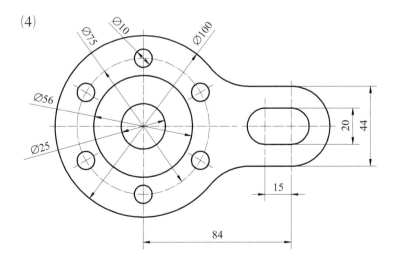

(5)

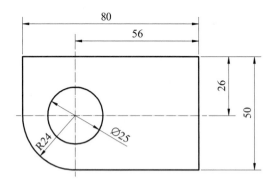

(6)

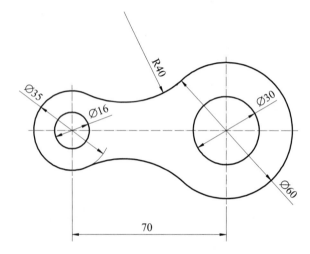

(7)

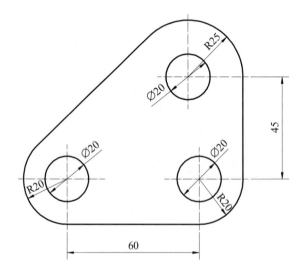

(8)

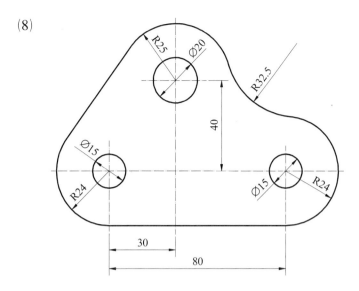

(9)

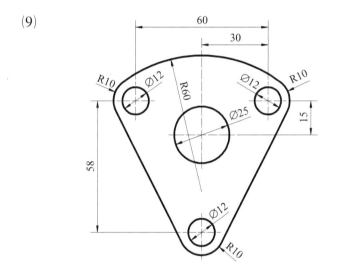

(10)

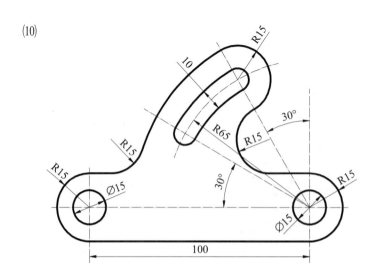

(11)

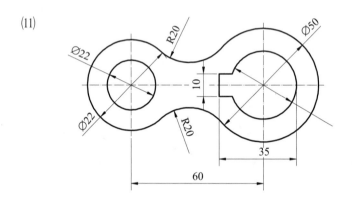

(12)

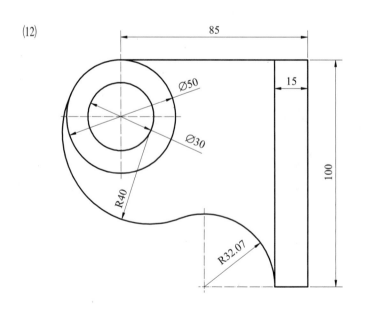

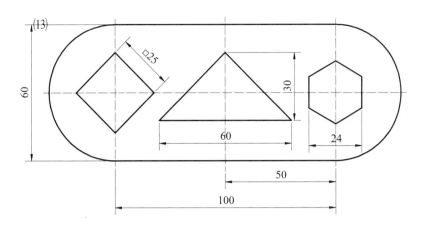

(13)

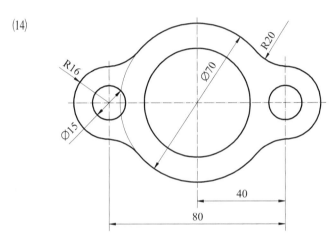

(14)

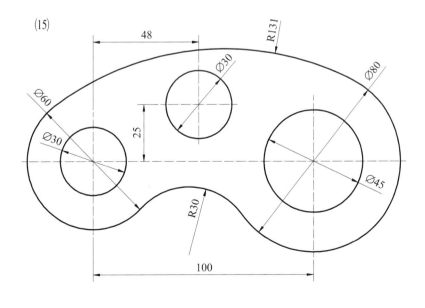

(15)

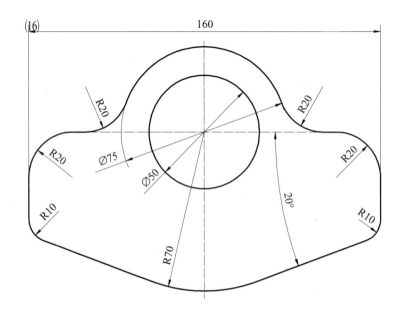

(16)

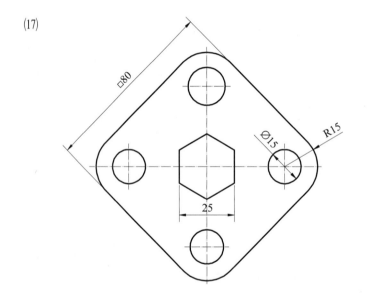

(17)

(18)

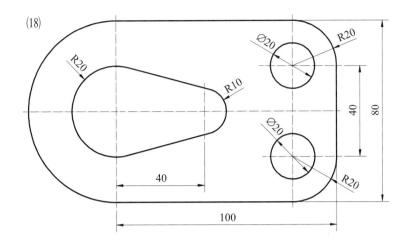

(19)

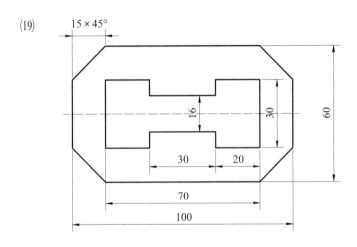

(20)

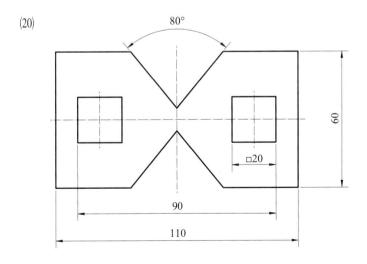

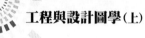

(21)

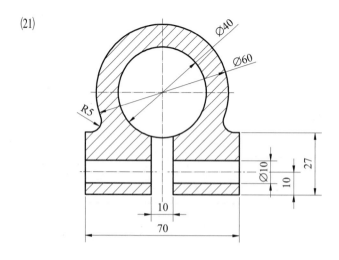

(22)

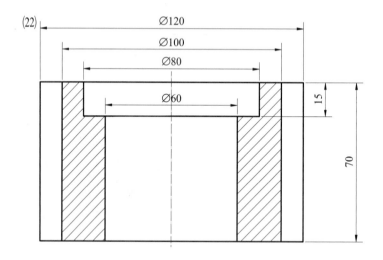

(23)

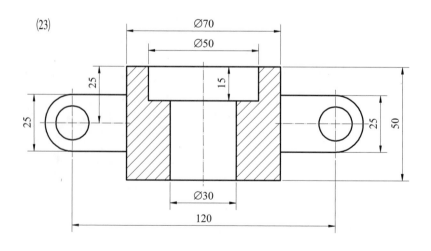

(24)

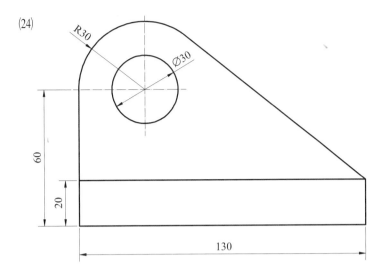

(25)

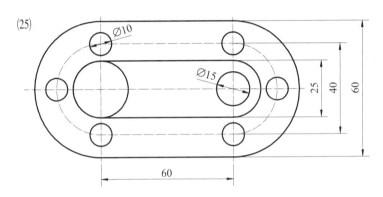

(26)

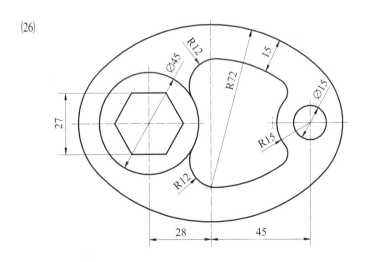

PART B

1. 尺度之分類有哪些？

2. 試述基本尺度規範包括哪些？

3. 何謂尺度界線？其標註特性為何？

4. 何謂尺度線？其標註特性為何？

5. 試述箭頭標註特性。

6. 何謂指線？其標註特性為何？

7. 試述尺度數字高度標註之規定。

8. 試述狹窄部位之尺度之要點。

9. 試述直徑符號標註要點。

10. 試述半徑符號標註要點。

11. 試述球面符號標註要點。

12. 試述弧長符號標註要點。

13. 試述去角標註要點。

14. 何謂比例？舉例說明之。

15. 常用比例為何？

16. 試述尺度之選擇要點。

17. 試述尺度之排列之要點。

18. 何謂註解？

19. 試述註解分類。

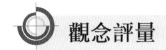

觀念評量

（　）1.對尺度界線，下列敘述何者錯誤？
(A)用細實線繪製　(B)與輪廓線約留 1 mm 空隙　(C)如與輪廓線近似平行時，可直接以外形線代替之　(D)尺度界線應伸出尺度線外約 2～3 mm。

（　）2.有關尺度之標註，下列敘述何者錯誤？
(A)尺度宜註於視圖外　(B)尺度註入若在視圖內，數字附近不畫剖面線　(C)可在虛線上註入尺度　(D)不可將中心線當作尺度線用。

（　）3.下列敘述何者錯誤？
(A)尺度線不可中斷　(B)尺度數字應寫於尺度線上方　(C)同一個尺寸只選擇其中一個視圖標註　(D)多餘尺寸供參考時，須將該尺寸下方加畫一橫線。

（　）4.有關尺度線之畫法，下列敘述何者錯誤？
(A)尺度線必須平行於結構物之外形線　(B)尺度數字之書寫，在橫書時由左向右，在縱書時由上向下　(C)尺度數字書寫在尺度線中央　(D)尺度線與尺度補助線接觸兩端應加箭頭。

（　）5.有關標註尺度數字，下列敘述何者錯誤？
(A)使用之單位若完全相同時，將單位填入標題欄內　(B)尺度數字標註在尺度線之下　(C)大尺度應標註於小尺度之外　(D)傾斜之尺度數字沿尺度線方向標註　(E)標註直徑時應加註 Ø。

（　）6.有關標註尺度，下列敘述何者正確？
(A)尺度線與尺度界線應避免相交叉　(B)尺度界線與尺度界線應避免相交叉　(C)中心線可以作為尺度線　(D)輪廓線可以作為尺度線。

（　）7.有關中心線，下列敘述何者正確？
(A)中心線為粗鏈線，可以作為尺度界線使用　(B)中心線為粗鏈線，不可以作為尺度界線使用　(C)中心線為細鏈線，不可以作為尺度界線使用　(D)中心線為細鏈線，可以作為尺度界線使用。

（　）8.多個連續狹窄部位在同一尺度線上，其尺度數字應
(A)縮小寫上　(B)分為左右兩排上下書寫　(C)分為高低兩排交錯書寫　(D)分為高低數排成階梯式書寫。

( ) 9. 有關指線，下列敘述何者錯誤？

(A)指線的粗細與尺寸線相同 (B)指線除用於註解外，有時也可代替尺寸線 (C)指線不可成水平 (D)指線若指向圓或圓弧，箭頭必須接觸圓或圓弧。

( ) 10. 對於尺寸標註的箭頭，下列敘述何者錯誤？

(A)箭頭長度約為 3～4 mm (B)尖端夾角約為 20° (C)長度約為寬度的 2 倍 (D)若尺寸太小時，可將箭頭移至尺寸界線之外側。

( ) 11. 有關工程圖箭頭畫法之敘述，下列敘述何者錯誤？

(A)箭頭表示尺度線起訖範圍，須繪於尺度線二端 (B)箭頭畫法有填空式、開尾式二種 (C)箭頭長度約 10 mm (D)箭頭尖端朝向尺度界線，且應接觸尺度界線。

( ) 12. 有關尺度的標註，下列敘述何者錯誤？

(A)最外側的尺度線距離尺度界線末端約 2～3 mm (B)必要時，輪廓線和中心線可直接當尺度線使用 (C)同一側的尺度線並列時，其間隔約為字高的 2 倍 (D)水平方向的尺度，其數字應朝上書寫；垂直方向的尺度，則數字應朝左書寫。

( ) 13. 關於尺度標註，下列敘述何者錯誤？

(A)中心線可作為尺度界線使用 (B)尺度應盡量標註在視圖外 (C)指線用粗實線繪製，與水平線約成 45° 或 60° (D)水平方向的尺度數字應朝上書寫。

( ) 14. 若有多個連續狹窄部位在同一尺度線上時，可用局部放大圖表示之，方法是在該位置

(A)畫一粗實外圓 (B)畫一粗實外圓並加一英文代號 (C)畫一細實外圓 (D)畫一細實外圓並加一英文代號 (E)以假想圈畫一外圓。

( ) 15. 機件之稜角因圓角或去角而消失時，下列敘述何者錯誤？

(A)其尺度仍應標註於原有之稜角上 (B)此稜線須用粗實線繪出 (C)在交點處加一圓點 (D)尺度標註時，以細實線將該稜角顯示出 (E)尺度界線仍以交點處引出。

( ) 16. 有關標示尺寸，下列敘述何者錯誤？

(A)尺度界線（延伸線）以細實線繪製 (B)尺寸線以粗實線繪製 (C)數字應標示於尺寸線之上方 (D)圓或大於半圓之圓弧，以直徑符號 "∅" 標示 (E)半圓或半圓以內之圓弧，以半徑符號 "R" 標示。

（　）17.有關標註尺寸，下列敘述何者錯誤？

(A)大尺寸應標註於小尺寸之外　(B)剖面圖之尺寸應標註於該視圖內　(C)尺寸線避免相交叉　(D)狹窄部位尺寸可用小圓點代替箭頭　(E)直徑標註時必須加註 ∅。

（　）18.有關直徑標註，下列敘述何者正確？

(A)全圓的直徑，以標註在非圓形視圖上為原則　(B)標註直徑時，"∅" 可視情況而省略　(C)半圓或大於半圓的圓弧，必須標註在非圓形視圖上　(D)直徑符號 "∅" 寫在數字後面。

（　）19.有關尺寸標註的方法，下列敘述何者錯誤？

(A)直徑以 ∅ 表示，寫在數字之前　(B)半徑以 R 表示，寫在數字之後　(C)半圓或半圓以上的圓弧，直徑尺寸必須標註在圓形視圖上　(D)半徑尺寸線應以一個箭頭指在圓弧上。

（　）20.有關註解，下列敘述何者錯誤？

(A)凡不能用視圖或一般尺度表達的圖面資料，須用文字說明書，稱為註解　(B)針對全張圖面均可適用，並以指線方式標註在圖形上者，是一般註解　(C)只針對機件的單獨部位，必須使用指線，且靠近指線指出部位而以文字說明者，是特別註解或專用註解　(D)如「凡未註明之內外圓角尺度為 R5」的文字說明，是屬於一般註解。

◎普通物理（上）、（下）　　陳龍英、郭明賢／著

　　本書目標在協助學生了解物理學的基本概念，並熟練科學方法，培養基礎科學的能力，而能與實務接軌，配合相關專業學科的學習與發展。

　　全書分為上、下兩冊。內容包含運動學、固體的力學性質、流體簡介、熱力學、電磁學、電子學、波動、光、近代物理等。每章的內容皆從基本的觀念出發，並以日常生活有關的實例說明，引發學習的興趣。此外配合讀者的能力，引入適切的例題與習題及適合程度的數學計算，以達到讀者能自行練習的目的。

◎流體力學　　陳俊勳、杜鳳棋／著

　　本書係筆者累積多年的教學經驗，配合平常從事研究工作所建立的概念，針對流體力學所涵蓋的範疇，分門別類、提綱挈領予以規劃說明。內容均屬精選，對於航太、機械、造船、環工、土木、水利……等工程學科研修流體力學，將是不可或缺的教材。

　　本書內容共分為八章，全書包括基本概念、流體靜力學、基本方程式推導、理想流體流場、不可壓縮流體之黏性流、可壓縮流體以及流體機械等幾個部分。每章均著重於一個論題之解說，配合詳盡的例題剖析，將使讀者有系統地建立完整的觀念。每章末均附有習題，提供讀者自行練習，俾使達到融會貫通之成效。

◎計算機概論　　盧希鵬、鄒仁淳、葉乃菁／著

　　本書是針對大專技職院校的計概課程所精心設計的，共分為「DIY篇」、「程式篇」、「資料篇」、「網路篇」、「系統管理與應用篇」五個部分。從介紹電腦硬體組裝與軟體的操作方法開始，依序介紹系統分析與設計、電腦運作的概念、資料與檔案處理、資料庫的基本概念，進而介紹日新月異的網路科技、各種資訊管理系統、電子商務和電子化政府。本書內容深入淺出，文字敘述淺顯易懂，不僅適合作為教科書，也適合自學者閱讀。

◎普通化學——基礎篇‧進階篇

楊永華、蘇金豆、林振興、黃文彰／著

　　由國內具有豐富教學及研究經驗的一流教授針對目前化學教學重點編寫而成，其內容銜接高中（職）之化學教材，可供讀者進一步研讀或是教師授課之用。《基礎篇》內含「化學理論」、「化學熱力學」及「動力學」等基礎知識；《進階篇》則包含了「無機化學」、「有機化學」、「生物化學」及「材料化學」等與現代科技發展息息相關的主題。

◎應用力學——靜力學　　金佩傑／著

　　本書的目的在介紹靜力學的基本定律，使學生能建立起對靜力學的基本觀念與分析的能力；作者以多年的教學經驗，並參酌國外相關書籍撰寫而成。為求完全貼合技職院校重視實務的教學需求，書中列舉大量實例，絕對讓學生早人一步與實務接軌！編排方面，除了嚴謹的排版、校對外，圖片的選用、繪製與印刷均力求精美。每章的內容皆從基本觀念談起，並以精選例題輔助加強學生的學習效果；課後習題則著重觀念的啟發與應用，數量力求適中，希望學生能真正手腦並用地確實演練，系統性地了解靜力學的基本概念。

◎應用力學——動力學　　金佩傑／著

　　本書之內容主要包括質點之運動學及剛體之平面運動學，主要之應用原理為牛頓第二定律及其衍生之能量法及動量法。為求內容之連貫，同時讓讀者能夠掌握重要觀念的應用時機，書中特別對各章節間的相互關係，以及各主要原理間之特性及差異均加以充分說明及比較。本書除了提供傳統的介紹方式外，更在許多章節加入創新的解說，相信對於教學雙方均有極大之助益。本書內容充實、文圖並茂，不僅對於入門之初學者有提綱挈領的作用，對於一般讀者亦應有極大之參考價值。

◎微積分　　白豐銘、王富祥、方惠真／著

　　本書由三位資深教授，累積十幾年在技職院校及一般大學的教學經驗，精心規劃而成。為了讓讀者能迅速進入狀況、減少對於數學的恐懼感，本書減少了抽象的觀念推導和論證，而強調題型分析與解題技巧的解說，並在每章最後附有精心設計的習題作為課後演練。深入淺出的內容，極適合老師於課堂授課之用，若讀者有意自行研讀，亦是絕佳的參考用書。

◎工程數學・工程數學題解　　羅錦興／著

　　數學幾乎是所有學問的基礎，工程數學便是將常應用於工程問題的數學收集起來，深入淺出的加以介紹。首先將工程上常面對的數學加以分類，再談此類數學曾提出的解決方法，並針對此類數學變化出各類題目來訓練解題技巧。我們不妨將工程數學當做歷史來看待，因為工程數學其實只是在解釋工程於某時代碰到的難題，數學家如何發明工具解決這些難題的歷史罷了。你若數學不佳，請不用灰心，將它當歷史看，對各位往後助益會很大的。假若哪天你對某問題有興趣，卻又需要工程數學的某一解題技巧，那奉勸諸位不要放棄，板起臉認真的自修，你才會發現你有多聰明。